KB267012

자연환경론

태초에 하나님이 천지를 창조하시니라 (구약성서 창세기)

In the beginning God created the heavens and the earth. (Genesis, 1:1)

자연환경론

· 권 순 식 ·

한국학술정보㈜

머리말

    지구는 우리가 상상할 수 없을 정도로 오래되고 다양한 모습을 지녔으며 항상 변하는 빛나는 행성이다. 지구는 45억 년 전에 탄생하여 오늘날까지 유지되어 왔다. 이러한 지구는 어떤 것인가, 그리고 그 환경은 무엇인가를 아는 것이 필요하다. 이 책은 저자가 대학에서 평소 여러 문헌을 통하여 강의한 내용을 정리, 보완한 것이다. 학부 저학년에서 교양강좌로 사용할 수 있도록, 그리고 지리교육을 전공하는 학생을 대상으로 또한 지구환경에 관한 일반 교양강좌로 집필한 것이다. 오늘날 환경과 관련된 저작이 많이 출판되고 있는데, 주로 도시화와 산업화가 진전됨에 따라서 일상적으로 회자되는 환경문제와 환경오염문제 등을 다루고 있다. 본서는 이러한 문제를 다룬 것이 아니고 지구의 자연환경 자체가 무엇인지를 알려 주고자 쓰였다. 오늘날 환경위기 의식이 지나쳐 건강에 대한 편견과 공포심이 많은 사람이 있다. 이러한 상황을 감안하면 자연환경에 대한 우리의 정확한 인식이 필요하다. 짧은 시간 안에 알기 쉽게 자연환경을 파악할 수 있도록 책의 부피를 줄였다. 흥미로운 측면에서 도움이 되도록 참고한 여러 문헌에서 그림을 인용하였고 본서를 통하여 학부에서 강의를 하는 데 편리하도록 그리고 일반인이 읽더라도 단시간 내에 환경에 대한 이해를 높일 수 있도록 주안점을 두었다. 물론 이 책자에서 다루지 못한 사실도 많이 있지만 대체로 중요하다고 생각되는 것은 포함시켰다. 우리가 살고 있는 자연환경의 주제를 이해할 수 있게 되기를 바라며 부족한 점은 차후에 보완할 것을 약속한다.

2007년 12월

권 순 식 씀

 **차 례**

행성 지구에 대한 고찰

1. 지구의 형성

자연환경으로서 지구를 다루는 학문은 지질학(geology)[1]으로 우리는 지구를 통하여 조금씩 우주(cosmos)를 알 수 있는데 우주는 지구와 함께 탄생하였고 또 지구와 같은 운명을 지니고 있는 것으로 생각된다. 우주의 모습을 안다는 것은 지구가 우주 안에서 차지하는 위치나 가치를 인식하는 데 필요하다. 우리는 지구를 통하여 우주를 조금씩 알 수 있고 운석이나 달을 관찰함으로써 우주를 추정한다.

우리들이 자연환경을 고려할 때에 지구의 형상, 크기 혹은 태양과 같은 천체(天體)에 대한 위치관계를 정확히 파악하지 않으면 이해하기 어려운 점이 많다. 지구는 천체 간의 인력이 작용하므로 우주 간의 인력(引力)에 의하여 우주상에 위치가 결정되고 고유의 운동을 하게 된다. 그 결과 지구는 자신의 밀도에 맞도록 적도 방향으로 늘어난 편평타원체(扁平楕圓體, oblate elipsoid)가 되어 현재 적도반경이 극반경보다

---

1) 지구를 연구하는 자연과학의 한 부분으로 지각의 구성 물질·구조·성인과 지구의 무생물, 생물계의 역사를 연구대상으로 한다.

약 20km 길게 되었다.

지구는 태양계의 작은 일원으로 은하계와 우주에 있어서는 극히 작은 하나의 별(행성)이지만 지구의 생성과 창조과정은 우주의 생성과 창조와 분리해서는 생각할 수 없다. 지구는 태양의 주위를 공전하고 여타 행성과 같이 지구도 스스로 빛을 내지 못한다. 다만 태양 광선을 반사한다. 지구는 인간을 포함하여 생물을 가지고 있는 점이 특이하다(그림 1).

지구의 역사 약 40억 년간을 지질시대(geologic time)라고 한다. 이는 지구상 가장 오래된 암석이 약 40억 년이기 때문이다. 지구생성 당시의 물질은 암석이므로 지표에는 거의 남아 있지 않다. 50억 년 전에 엄청난 수소가 거대한 공으로 뭉쳐졌는데 이것을 바로 태양이라고 부른다. 공이 형성된 것은 중력 때문이었고 이 중력은 물질을 응집시킬 뿐 아니라 가열시킨다. 이때 태양으로 끌려들다 남은 찌꺼기들이 현재의 행성(planet)들의 궤도를 공전하면서 여기저기 모여서 작은 덩어리의 엉성한 집합체로 형성하여 원시의 행성들이 된 것이다.

이에 대하여는 지질학적인 연구방법이 효과를 발생하지 못하므로 연구범위를 벗어난다. 지구 초창기의 이러한 시대를 지구의 성시대(星時代, cosmic time)라고 한다. 지구가 생겼을 때는 이미 높은 온도는 아니었고 원시지구의 커다란 응집체가 중력에 의해 응축되면서 생긴 열과 방사성물질의 붕괴로 생긴 열 때문에 지구 전체가 고온의 용융체가 아닌가 추정한다. 오늘날 우리는 화산작용, 지진현상, 조산운동 및 대륙이동 등은 지구내부의 열의 표출임을 인식하게 되었다. 그리고 내부에는 철과 니켈을 주성분으로 하는 무거운 물질이 모여서 핵을 이루고 그 바깥쪽에 철, 규산, 마그네슘 등 규산염광물이 모여 맨틀을 만들었다. 그 후 지구의 표면에 냉각된 현무암과 화강암에 해당하는 화학조성을 가진 지각이 생겨났다. 성시대는 지구의 원형이 갖추어지면서 우주의 물질이 계속하여 지구로 떨어져 약 10억 년 동안 어두웠던 행성의 시대이다. 이 당시의 원시지구의 부피는 현재 지구의 몇십 배였다고 추정한다. 무거운 입자들은 원시 지구 중심부로 모여들었고 자연히 가스들은 지구를 둘러싸게 되었다. 가스 성운으로부터 고체의 응축은 바로 지구의 탄생 첫 단계이다. 응축은 무수히 많은 작은 암석조각을 형성하였다. 그리고 이 조각들은 지구행성을 형성키 위해 계속 합쳐

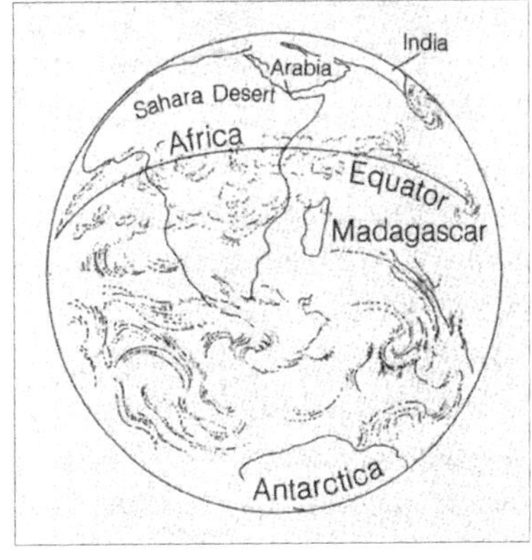

그림 1. 우주에서 본 행성 지구의 모습

아프리카대륙과 그 오른쪽에 마다가스카르 섬이 보이고
위쪽의 아라비아반도가 있다. 아래쪽이 남반구이다.

졌다. 합치는 작용은 만유인력의 작용에 의한 것이다. 큰 덩어리들이 응축된 암석 파편들을 점점 더 많이 끌어 모아 계속 커졌던 것이다. 고체물질의 응축은 수증기로부터 얼음이 응결하여 눈이 생성되는 과정과 유사하다. 성운의 바깥부분은 고체물질의 응축이 일어날 수 있도록 충분히 냉각된다. 한편으로는 태양도 주변의 물질을 중심을 향하여 초음속으로 흡입시켜 수천만 년 후에 원시 태양의 중심부가 엄청난 압력으로 내부온도가 높아지고 표면온도가 6000°C로 되면서 주황색으로 빛나게 되는 자광성(自光星)이 되었다. 태양이 사방으로 방사하고 있는 에너지의 양은 막대하고 경이로운 현상이며 또한 일정하여 수백 년이 지나도 어떤 변화를 보이지 않고 있다. 태양과 태양의 주위를 공전하고 있는 8개의 행성들과 위성을 태양계(solar system)[2] 이라고 하며 지구는 다른 행성들과 같이 스스로 빛을 내지 못하고 태양광선을 반사만 할 뿐이다.

지금으로부터 약 150억 년 전 우주에 대폭발(big bang)이 있은 뒤 46억 년 전에 지구는 오늘날의 모습을 갖추었다고 본다. 지구가 처음 탄생했을 때에는 암석권과 기권으로만 되었고 바다가 생기면서 암석권, 기권, 수권으로 발전했다. 바다에서 발생한 생물이 육지에 상륙하고 다시 암석권, 기권, 수권, 생물권으로 복잡해졌다.

지구 성시대의 역사연구는 천문학자들의 몫이고 그 후의 지구의 역사는 지사학(historical geology)을 구명하는 데 전념하는 지질학자들에게 돌아간다. 태양과 지구는 거의 같은 원료로 형성되었지만 태양은 엄청나게 크게 뭉쳐져 스스로 빛과 열을 발하는 태양으로 되었고 지구는 적은 양의 가스와 먼지로 만들어졌으나 태양의 강한 복사로 인하여 가벼운 가스를 완전히 잃어버리고 말았다. 작아진 지구의 질량으로 인해 대기 중에 분자운동이 빠른 수소나 헬륨 같은 가벼운 기체를 놓치고 말았다. 오늘날 천문학자들은 냉각된 가스와 먼지로부터 지구와 태양 그리고 우주의 모든 별들이 생성되었다고 추정하고 있다.

---

2) 2006년 8월 24일, 국제천문학연합(International Astronomical Union)은 "행성(planet)"을 재정의하면서 기존의 '명왕성(pluto)'을 행성에서 제외하였다. 따라서 태양계를 구성하는 행성은 현재 공식적으로 8개이다. 명왕성은 소행성대의 최대행성인 '세레스(Ceres)', 2003년에 발견되어 2005년에 확인된 명왕성 외곽부에 존재하는 '에리스(Eris)'와 더불어 "왜소행성(dwarf planet)"으로 재분류 되었다.

지구의 성시대가 지난 후 지구의 역사시대는 과학적인 지질학연구시대이다. 지질시대는 암석의 지층과 고생물의 화석을 기준으로 행해지고 있다. 구분된 각 시대를 대(代, Era)라고 부르며 크게 5개로 나눈다. 즉 시생대, 원생대, 고생대, 중생대 그리고 신생대의 순으로 되어 있다(표 1). 지구의 시간에 관해서는 적어도 백만 년 단위는 고려해야 한다. 현재는 지질시대 신생대의 제4기로 지금으로부터 200만 년에 시작되었다. 제4기는 인류에 있어서 중요한 의미가 있는데 그 이유는 이 시기에 지구상에 출현하여 그 자연환경 속에서 상호 유기적인 관계를 맺고 존속해 왔기 때문이다.

지구는 자체적으로 자전(rotation)과 공전(revolution)을 하고 있다. 태양에 대한 자전의 길이로 24시간을 정하고 있고 지구가 서에서 동으로 자전하므로 태양을 비롯하여 천체가 동에서 서로 이동하는 것으로 간주하고 있다. 중요한 것은 지구의 자전으로 밤과 낮의 반복이 이루어지고 동시에 전향력(轉向力, Coriolis force)이 발생한다는 것이다. 지구 전향력에 의하여 지구상에 풍향과 해류의 현상이 나타난다.

공전은 지구가 타원형의 궤도를 그리면서 태양의 주위를 1년에 걸쳐 돌고 있는 것을 말한다. 태양에서 약 1.5억km 거리를 두고 365 1/4회 자전을 하는 지구는 적도를 중심으로 태양이 멀어지거나 가까워진다. 춘분과 추분에 적도상에 있던 태양은 하지와 동지에 적도에서 가장 멀어짐으로 지구가 구형(球形)이라는 사실에 따른 태양열의 분포를 결정하며 세계의 각 지방의 서로 다른 기후를 초래한다.

표 1. 지질시대의 구분

<단위 : 100만년>

代(Era)	紀(Period)	世(Epoch)	시작연대
신 생 대 (Cenozoic)	제4기 (Quaternary)	현세(Recent)	0.01
		플라이스토세(Pleistocene)	2
	제3기 (Tertiary)	플라이오세(Pliocene)	5
		마이오세(Miocene)	23
		올리고세(Oligocene)	36
		에 오 세(Eocene)	58
		팔레오세(Paleocene)	65
중 생 대 (Mesozoic)	백 악 기(Cretaceous)		135
	쥬 라 기(Jurassic)		190
	트라이아스기(Triassic)		225
고 생 대 (Paleozoic)	페 름 기(Permian)		280
	석 탄 기(Carboniferous)		320
	데 본 기(Devonian)		360
	실루리아기(Silurian)		400
	오르도비스기(Ordovician)		440
	캄브리아기(Cambrian)		600
선캠브리 아이언	원생대 시생대		4600

그림 2. 은하(Galaxy)의 모습

미국항공우주국(NASA) 은하 진화탐사선이 지구를 돌면서 찍은 나선형의 은하의 사진

2. 은하계와 지구구조

은하계(Galaxy)는 수많은 별들이 타원형의 얇은 원판(disc) 형태로 모여 집단적인 성운(星雲, nebula)을 구성하고 있는 것으로 직경이 10만 광년이며 얇은 가장자리(약 3,000 광년)에서 중심으로 가면서 두꺼워지는데 가장 두꺼운 중심부의 거리는 1만 광년에 달한다고 한다(그림 2). 천문학에 따르면 은하계 속에 들어 있는 별의 총수는 2,000억 개에 달할 것이라고 주장한다. 우리가 지구상에서 관찰할 수 있는 것은 은하계의 한쪽 면만 보는 것으로 은하계의 일부분인 은하(milky-way)이다.

은하의 원판은 회전운동을 하고 있으며 태양계는 은하계의 중심에서 바깥쪽으로 약 3만 광년 떨어진 곳에 위치하고 300km/sec의 속도로 은하계의 중심을 돌고 있다고 한다. 이와같은 은하계는 우주(universe)의 공간에서 수없이 존재하고 있다. 각각의 은하계는 서로 대단히 멀리 있기 때문에 이러한 은하계를 섬우주(island universe)라고 한다. 태양계는 은하계의 중심에서 변두리 쪽으로 3만 광년 떨어진 곳에 위치하

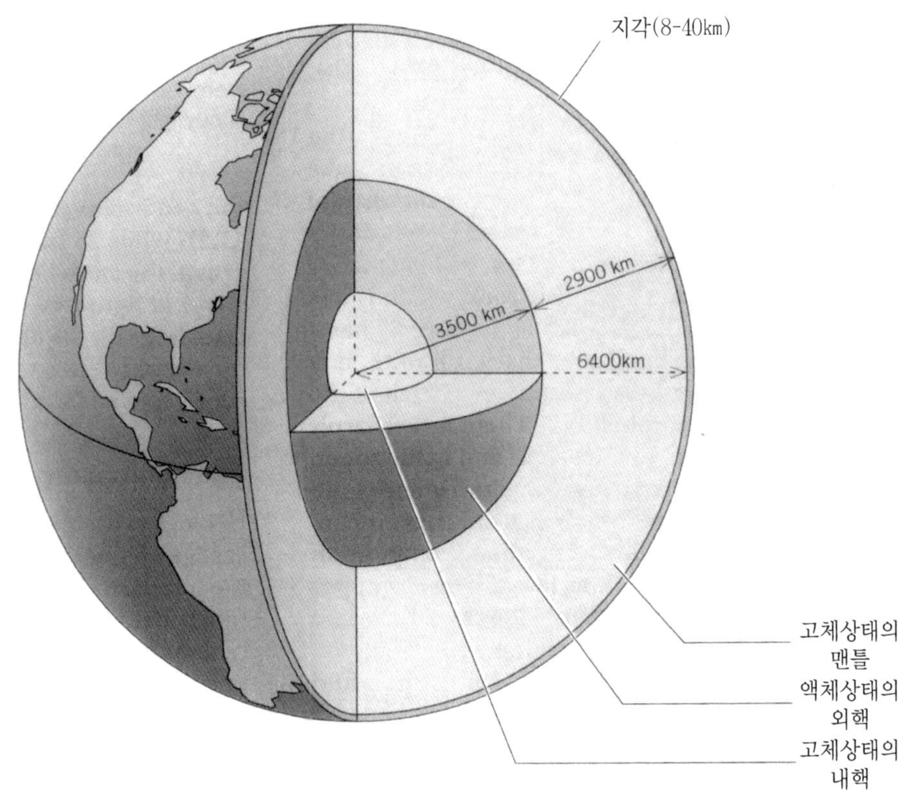

그림 3. 지구내부의 층상구조

지각과 핵 사이에는 맨틀이 있다. 밀도는 지각〈맨틀〈외핵〈내핵의 순이다.

고 300km의 속도로 은하계의 중심을 돌고 있다.

지구의 내부는 균질하지 않고 지면아래 두께가 35km, 비중이 2.7−3.0의 지각이 있고 지각 아래에는 깊이 2,900km의 맨틀(mantle)이 있으며 지각과 맨틀 사이에는 모호(moho)[3] 면이 있다. 맨틀 아래의 지구중심에는 핵(core)이 차지하고 있는데 액체상태인 외핵과 고체 상태인 내핵이 차지하고 있는 층상구조(層狀構造)로 되어 있다(그림 3). 대륙과 해양은 지구표면의 중요한 특징이며 오늘날 지구 지표면의 특징은 역동적인 지구의 중요한 기록 그 자체이다. 지구상의 대기와 물의 흐름은 일정하며 지구경관을 꾸준히 변화시키고 있다.

---

3) 지하 어느 깊은 곳에 지표부근의 물질의 상태가 다른 층이 있음을 알아냈다. 이 경계면으로부터 상부를 지각, 하부를 맨틀이라고 한다.

3. 지구와 자연환경

자연환경의 연구는 우리의 고향이라고 할 수 있는 지구의 표면에 관한 것이다.

단순한 산지와 강, 식물이라기보다는 지구역사를 통하여 변천하는 지표의 변화인 것이다. 우리가 생각할 수 있는 자연은 4가지로 구분이 가능하다. 첫째는 토양 그리고 식생으로 덮인 지표자체이고 둘째는 암석물질로 된 지각의 상부층인데 유수, 바람, 파랑 또는 빙하로 지형을 형성하는 지표이다. 세 번째는 구름과 기상을 발생시키는 대기권의 하층부이며 네 번째는 해안지형을 형성하는 해수, 즉 해양의 상층부에 관한 것이다. 자연환경론의 중심은 우리가 살고 있는 행성의 특성뿐만 아니라 대륙적 범위를 포함해서 지표지역 및 소규모의 주변지역을 망라한다.

지구내부 용암의 점진적인 이동 때문에 대륙과 해양분지를 구성하는 지각은 판구조 과정으로 서서히 이동하고 있다. 과거 2억 –3억 년에 걸쳐 이러한 이동은 지구상 육지와 해양의 불균등한 분포를 나타냈다.

지구의 표면적은 5.1억km^{2}이고 이 중에 70%는 물로 덮여 있으며 나머지는 육지이다. 물의 대부분은 염수이고 담수는 육지에 국한되어 있다. 빙하와 설원을 제외하면 담수는 지표의 1% 미만이다. 그러나 지구상의 많은 지리적 현상과 같이 물의 분포는 변화하고 있다. 지질시대를 지나면서 육지와 해양은 불균등 분포를 나타냈다. 적도의 북쪽은 북반구이고 북반구의 육지면적은 남쪽의 남반구 육지면적의 약 2배에 달한다 (그림 4). 그뿐 아니라 양 반구 내에서도 불균등하게 분포되고 있다. 북반구의 대부분 육지는 중위도대에 위치하고(유라시아와 북아메리카) 남반구(남아메리카, 오스트레일리아, 아프리카남부)는 저위도에 분포한다. 남극대륙은 남극에 중심을 두고 있다.

태양에너지가 이용되거나 지구에 의해 흡수되는 현상은 일을 할 수 있다는 의미와 지구환경에 저장되고 있다는 사실이다. 지구에 흡수된 태양에너지는 복사에서 다른 에너지 형태로 전환되고 열과 유기적화합물로 변한다. 예컨대 바람과 해류에 의해 야기되는 운동에너지이고 높은 산지에서 강수와 눈덩어리로 나타나는 잠재적에너지(potential energy) 등을 들 수 있다. 유기적 에너지 경로는 태양복사가 광합성 작용에 의하여 식물체로 전환 된다.

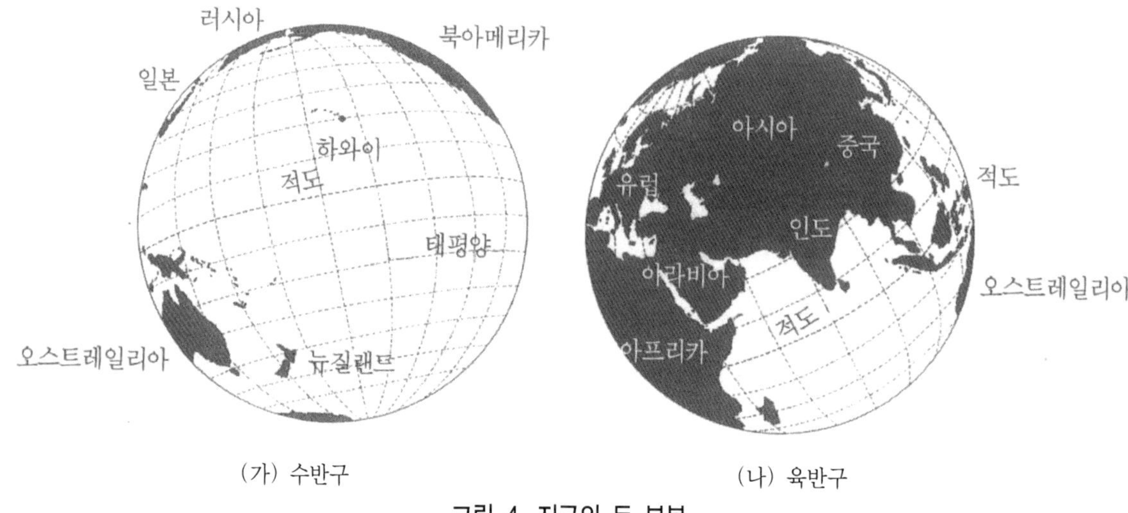

(가) 수반구 　　　　　　(나) 육반구

그림 4. 지구의 두 부분

양 반구에 있어서 위도 66.5°의 이북은 고위도이고 23.5°−66.5° 사이는 중위도, 0° −23.5°는 저위도로 구분한다. 위도 23.5°는 하지에 태양광선이 지표면과 수직(90°각 도)으로 비추어서 태양복사가 가장 높은 위도이기에 중요하다. 북반구에서는 23.5° 위선을 북회귀선(tropic of cancer) 또는 하지선(夏至線)이라고 하며 남반구에서는 남 회귀선(tropic of capricon) 또는 동지선(冬至線)이라고 한다. 모두 북반구를 중심으 로 설정된 것이다. 유럽과 아프리카, 아시아는 동반구에 속해 있고 북아메리카, 남아 메리카, 대서양과 태평양의 대부분은 서반구에 포함되어 있다.

지각의 구성과 판구조론

1. 지각의 구성

  지각(earth crust)은 지구의 제일 바깥층으로 맨틀상부의 모호로비치치 불연속면(surface of discontinuity)부터 지표면까지의 고체부분, 즉 암석권을 말한다. 평균 두께는 평균 약 35km가량이고 가볍고 단단한 암석층으로 대륙지각과 해양지각으로 구분된다. 해양지각은 주로 현무암질로 되어 있어서 대륙지각의 가벼운 화강암질보다 무거운 시마(sima-주 구성광물인 규소와 마그네슘의 머리글자를 딴것)로 구성된다. 대륙지각은 시알(sial-주 구성광물인 규소와 알루미늄의 머리글자를 딴것)로 비교적 가벼우나 하부는 시마로 연결되어 대륙지각이 해양지각보다 높게(두껍게) 솟아 있다. 빙산(iceberg)이 바다 위에 떠 있는 경우와 유사하고 여기에서는 지각들이 여러 개로 쪼개져 지각판(plates)을 이루며 지진은 지각판들의 운동이나 화산활동으로 발생하는 돌발적인 지각의 요동 현상이다.

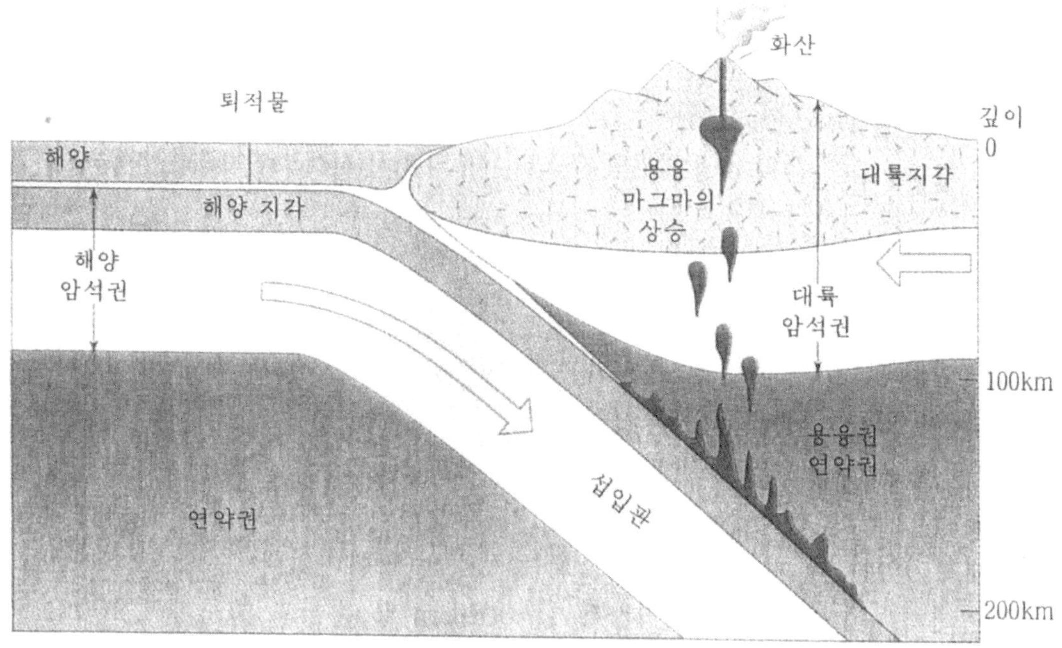

그림 5. 지각과 상부맨틀의 모식도(가), 암석권과 연약권(나)

해양의 가장자리에서는 해양지각의 섭입(subduction)이 일어나고 이때 분출하는 화산에 의해 지각물질이 대기와 해양으로 되돌아 올 수 있다. 연약권의 물질은 새로운 대양지각을 형성한다.

대륙지각과 해양지각은 서로 균형을 이루고 있어서 지각이 평형을 이루고 있는데 이것을 지각평형(isostasy)이라고 한다.

이동하는 암석권 아래에는 강도가 약하여 유동이 가능한 약권 또는 연약권 (asthenosphere)이 수백 킬로미터의 두께로 존재하고 있는데 단단한 암석권과 맨틀의 사이에 위치하여 샌드위치 형태로 눌려 있어서 온도가 1400°C에 도달하지만 액체 상태는 아닌 것으로 알려져 있다(그림 5).

약권에 얹혀 있는 암석권은 부드럽고 플라스틱(plastic)운동을 하는 물질 위에 단단하고 쪼개지기 쉬운 껍질처럼 생각할 수 있다.

약권이 유연성을 가졌기에 견고한 암석권은 쉽게 움직인다고 생각한다. 암석권은 지각판(lithosphere plates)이라 불리는 거대한 조각으로 구성되어 있는데 이는 북극 해의 빙산조각이 떠다니는 것과 유사해 지각판들은 제각기 독립적으로 분리 이동하여 부딪치기도 하고 다른 지각판 밑으로 섭입해 들어가기도 한다. 여기에서 지진현상과 대륙이동설(continental drift theory)의 근거가 이루어졌다.

층상구조로 된 지구의 바깥층인 암석권의 지각은 지구내부 또는 우리가 발을 딛고 있는 땅 부분으로 다양한 과정을 통한 고체상태의 암석과 광물들로 구성된다. 자연환경으로서 지각의 인식은 지구상의 생물의 기초가 될 뿐 아니라 유수, 바람, 빙하 등에 의한 지형생성의 발판을 제공하기 때문에 중요하다. 지표에서 관찰되는 광물과 여러 종류의 광물의 집합체로 된 암석은 지구의 중요한 구성물질로 대륙과 해양분지의 특징을 이해하는 데 필수적이다. 지각의 암석은 그 기원에 따라 화성암, 퇴적암 및 변성암으로 되어 있고 1개 내지 다수의 광물로 구성된다. 지각은 95%가 화성암이고 퇴적암과 변성암은 5%에 불과하다.

광물(鑛物)은 1종 또는 그 이상의 원소의 화합물로 구성되고 지각을 이루는 암석의 기본단위이다. 광물은 주어진 조건에서 안정된 물리·화학계에서 하나의 상(phase)으로서 균질한 물질이다. 이에 비해서 암석은 여러 종류의 광물집합체이기 때문에 전체적으로 볼 때 균질하지 않다.

지각에서 가장 풍부한 8가지 원소들은 최소한 1% 이상을 차지한다. 표 2는 이들의 % 비율표시를 나타낸 것이며 비율의 절반에 가까운 산소와 규소가 탁월하며 알루미늄과 철이 그 다음을 차지한다(표 2).

표 2. 지각에 풍부한 원소들

원 소	화학기호	중량비(%) 질량	체적비(%) 부피
산 소	O	46.60	91.97
규 소	Si	27.72	0.80
알루미늄	Al	8.13	0.77
철	Fe	5.06	0.68
칼 슘	Ca	3.63	1.48
나트륨	Na	2.83	1.60
칼 륨	K	2.59	2.14
마그네슘	Mg	2.09	0.56
티타늄	Ti	0.44	0.03

2. 암석과 광물

암석(rock)은 고체상태의 광물들과 유기물이 자연상태에서 덩어리로 결합된 것이며 다양한 물질의 집합체인 동시에 물리적 특성과 장구한 시대를 통하여 생성된다. 여러 종류의 암석 등 2개 또는 그 이상의 많은 종류의 광물로 구성되지만 전적으로 하나의 광물로도 생성된 것도 있다. 지각에 존재하는 암석의 입장에서 볼 때에는 대단히 오래되어 생성에 최소한 수백 년의 시간이 소요되지만 화산분출로 인한 용암(lava)[4]은 대기권과 접촉하면서 냉각되어 짧은 시간 동안에 굳어지는 과정에서 암석이 형성된다.

지각에 존재하는 암석은 그 성인에 따라 3개로 분류된다. (1) 화성암(igneous rocks)은 고온의 용융상태에서 광물이 냉각 고결화되는 것이고 (2) 기존의 암석으로부터 풍화작용과 침식작용으로부터 기원한 광물입자들이 운반되거나 제자리에 쌓여서 지층으로 굳어진 암석은 퇴적암(sedimenntary rocks)이며 (3) 변성암(metamorphic rocks)은 조산작용 기간에 화성암과 퇴적암이 열과 압력에 의하여 물리 화학적으로 새롭게 생성되는 암석이다(그림 6). 지구상에 처음 형성된 암석은 화산암으로 추정되며 퇴적암은 지구에 기권과 해양이 형성된 이후에 생성된 것으로 알려져 있다. 지구표면에서 퇴적암이 차지하는 면적은 지질시대 이후로 증가하고 있는 반면에 화산암과 심성암은 풍화와 침식으로 감소하는 경향이다. 연구자에 의하면(Ronov, 1983) 퇴적암은 전체 지각 부피의 11%를 차지하고 무게로는 9.5% 정도라고 추산한 바 있다. 화성암과 변성암은 지표의 조건보다 더 높은 온도와 압력에서 생성되었기 때문에 지표에 노출되면 각각의 암석을 이루는 광물들이 화학적으로 불안정한 상태가 되어 풍화작용을 받게 된다. 풍화로 인한 분해작용은 압력의 차이 뿐 아니라 식물, 동물, 미생물의 영향도 받는다. 점토광물(clay mineral)은 퇴적암에서 가장 많이 발견되는 광물 중 하나이며 퇴적암 구성 광물의 45% 정도를 차지하고 있다.

---

4) 지표로 분출한 마그마(magma)가 녹은 상태에 있는 것을 가리킨다. 현무암질 용암은 검은 색을 띠고 있다.

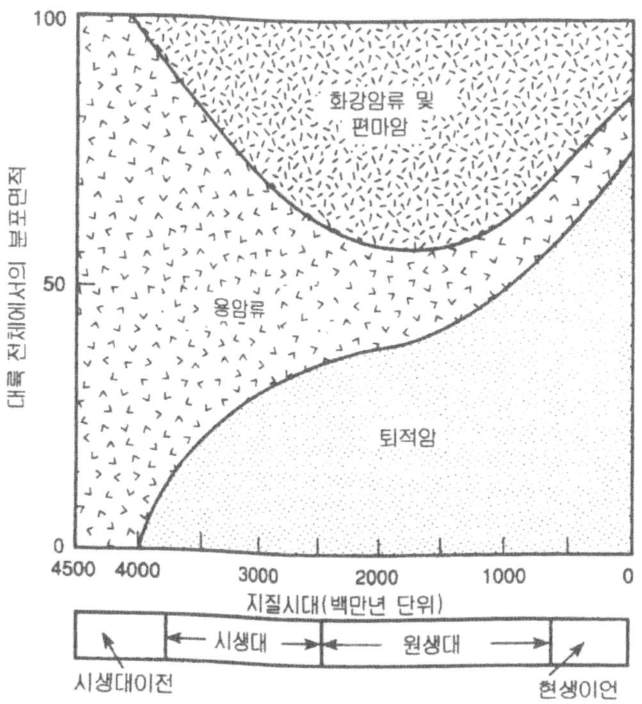

그림 6. 지질시대에 있어서 대륙에 분포한 주요 암석의 분포비율(Ronov, 1983)

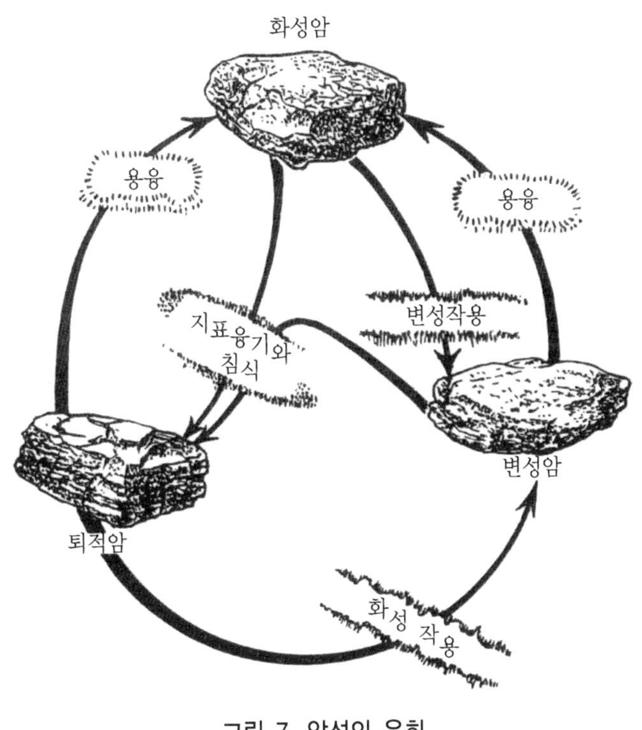

그림 7. 암석의 윤회

암석은 오랜 시간 중에 여러 종류의 암석으로 탈바꿈하고 있다.

그림 8. 육면체 기둥을 가진 석영결정구조
물에 잘 녹지 않고 화학적 풍화에 강하다. 분해 후에도 모래로 남는다.

점토광물은 크기가 너무 작아서 현미경이나 지화학적 분석을 통하여 인식되고 있다. (주로 X-선 회절분석방법을 이용하여 광물을 구분한다)

세 종류의 암석들은 지질시대를 통하여 끊임없이 한 종류에서 또 다른 종류로 순환하는 윤회를 하게 된다. 이것을 암석의 윤회(cycle of rock change)라고 한다(그림 7).

광물(mineral)은 자연상태에서 산출되는 무기물의 일정한 화학성분으로 뚜렷한 화학적 구성과 분자 구조를 가지고 있는 결정구조의 물체이다. 즉 하나 또는 그 이상의 원소의 화합물로 지각을 이루는 암석의 기초 구성단위이다. 광물은 원소의 원자들이 일정하게 배열되어 있는 고체의 결정구조(crystalline)를 가지고 있으며 다이아몬드나 루비 같은 보석광물에서 잘 나타나며 특히 석영(quartz)은 대표적인 결정광물이다 (그림 8). 지표에서 풍화작용에 의하여 나타나는 광물의 비율은 장석, 석영, 점토광물과 운모, 석회석, 철산화물 등으로 많다.

기타 광물로는 장석, 운모, 각섬석, 휘석, 방해석, 점토광물 등이 있다.

3. 판구조론

1960년대 말에 제안된 것으로 지각에 존재하는 암석권은 10여 개의 판(plate)으로 나누어져 있고 그 아래에 가소성(可塑性)이 있는 연약권이 있어서 지각판은 움직인다는 것이다(plate tectonics). 각 판들은 대양지각과 대륙지각이 한 개의 단위가 되어 전체가 한 방향으로 매년 1-6cm 정도로 이동한다는 것이다(그림 9). 현재까지 확실한 설명이 부족한 부분이 많으나 해저확장설과 관련성이 있으며 지구의 주요구조를 합리적으로 설명하는 새로운 가설이다. 판이 양쪽으로 갈라지는 분열대(分裂帶)에서는 새로운 지각이 생성되고(현무암질 용암이 분출) 반대로 두 판이 충돌되는 부분은 판이 소멸되는 장소이다. 판이 다른 판 밑으로 내려가는(침강하는) 섭입대(攝入帶, subduction zone)에서는(안산암질 용암이 분출) 기존 지각이 파괴되면서 다른 판을 들어 올린다. 대양판이 대륙판 밑으로 섭입하는 곳은 지진과 화산활동이 활발하다. 인도반도와 아시아대륙 간의 충돌은 잘 알려져 있는데 인도반도는 연간 약 16cm의 속도로 아시아대륙 밑으로 섭입한 후 들어 올려 히말라야 산맥과 티베트 고원이 솟아오르게 되었다. 여기에는 지진은 발생하나 화산작용은 거의 없는 편이다. 섭입대를 따라서는 깊은 해구(trench)가 형성된다.[5] 해양지각 위에 심해성 퇴적물이 지각판과 같이 섭입대에 도착하면 퇴적물은 비중이 가벼워 해양지각과 같이 섭입할 수 없어서 습곡대로 합친 다음 부가(accretion)현상이 발생한다. 즉 습곡대 앞쪽에서 퇴적물의 부가로 열도가 발달하는데 일본열도가 바로 그러하다. 여기에는 마찰열로 마그마가 발생하여 화산활동이 일어나고 열도 앞쪽은 해구가 존재한다(그림 5).

판구조론에 따른 지각의 이동은 지구의 구조를 밝히는 설명으로 지구상 하나의 거대한 대륙(팡게아, Pangaea)이 분리되었다는 대륙표이설(continental drift)과 새로운 해양지각이 계속 생성되고 이동하여 대양저를 넓히는 결과를 가져온다는 해저확장설을 주장하게 되었다.

---

5) 섭입하는 대양지각은 부분적으로 용융하여 안산암질 마그마가 상승하여 성층화산을 형성한다.

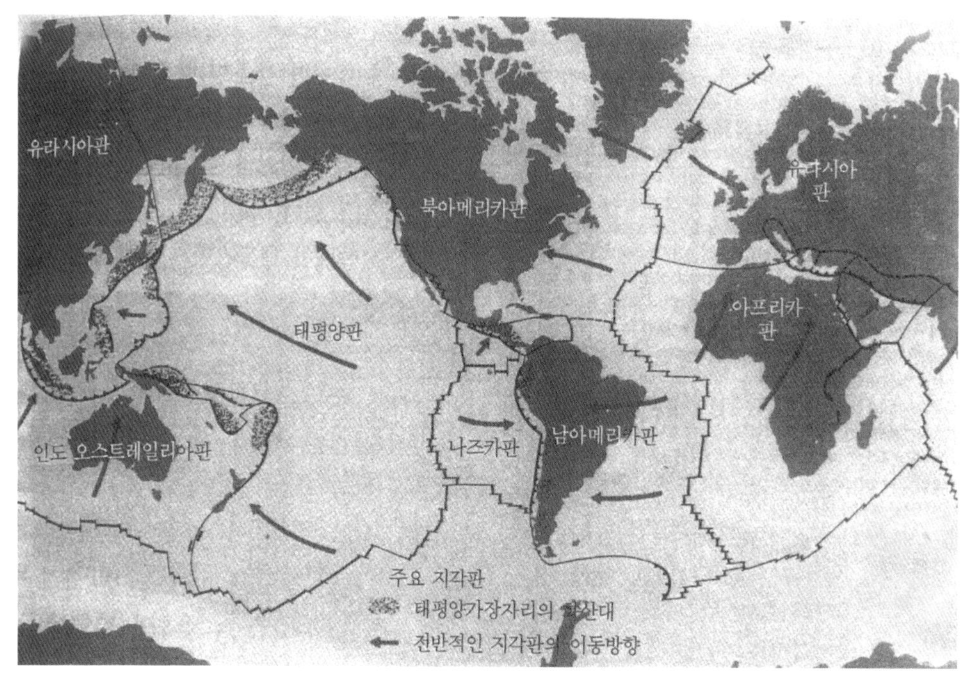

그림 9. 암석권의 지각판

지각은 6개의 큰 판과 이보다 작은 여러 개의 판으로 구성된다.
화살표는 지속적으로 움직이는 방향을 보인다. 지진과 화산을 일으킨다.

3

자연환경으로서 지구

1. 지구의 4권

가장 기본적인 수준에서 자연환경은 대기권, 암석권, 수권 그리고 생물권으로 크게 구별된다(그림 10). 대기권(atmosphere)은 기권(氣圈)이라고도 하며 지구를 둘러싸고 있는 기체(가스) 상태의 층으로서 여러 가지 기체로 열을 받거나 되돌리며 수분을 지표 이곳저곳으로 이동시킨다. 대기권에는 여러 가지 기체로 둘러싸여 있으며 대기의 하층에는 기체의 운동이 활발하여 상하의 공기가 잘 혼합된다. 대기권은 또한 지구상 생물의 삶을 유지시키는 데 필요한 요소들, 즉 탄소, 수소, 산소, 질소 등을 공급한다.

딱딱한 암석으로 구성되는 암석권(lithosphere)은 생물층의 존재를 위해 고정된 장소를 형성한다. 암석권의 바위들은 얇은 토양을 만들어 유기체에 필요한 영양소를 공급한다. 한편으로는 암석권은 산지와 구릉지, 평야 같은 지형을 생성하여 동식물과 인류의 생활장소를 제공한다.

여러 가지의 형태(기체, 고체, 액체 등)를 가진 물은 수권(hydrosphere)으로 대부분은 바다이며 대기 중의 물은 수증기로, 물방울로, 단단한 얼음결정으로 존재한다.

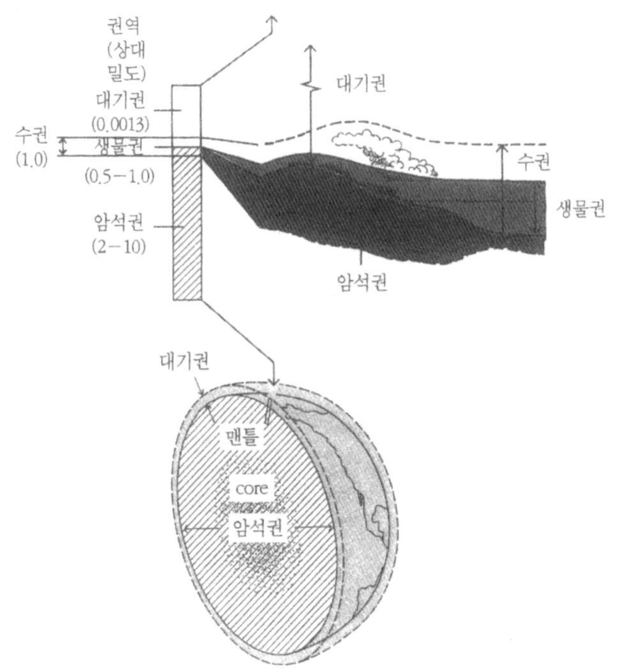

그림 10. 원그림으로 본 지구의 4권의 관련 모식도

물은 암석권의 최상층부에서 호소, 하천 또는 지하수의 형태로 존재하여 생존하는 유기체 생명에 필수적인 물질로 구성된다. 물이 지표의 약 2/3를 차지하며 기권에도 수증기의 형태로 암석권의 절리 등에도 존재하여 기권, 수권, 암석권에서 순환한다. 생물권(biosphere)은 지구상 살아 있는 모든 유기체를 포함한다. 지구상의 생명 형태는 대기층의 가스를, 수권의 물을 그리고 암석권의 무기영양소를 이용한다는 점에서 생물권은 지구의 3권에 의지하고 있다.

생물층(Life−layer)은 생물권의 얇은 지표층으로서 바다의 수심 100m까지와 육상 지표면을 포함한다. 육상에서의 생물층은 생물권, 암석권 및 대기권 상호작용하에 있다. 또한 대기권의 하부에 있으며 수권과 암석권의 상부에 존재함으로 공간적으로 겹쳐 있다. 지구역사에 따라 지구환경의 차이로 인하여 다양한 환경변화가 있어 왔는데 생물은 각각 환경을 변화시키기도 하고 조정하기도 하였다. 생물권은 육상에서 수권의 영역은 비와 눈, 호소의 물, 지하수, 하천수 등이고 바다에서의 생물층은 수권, 생물권, 대기권의 상호작용 안에 있고 암석권은 바닷물에 용해된 무기영양소로 나타낸다. 자연환경의 설명은 생물층과 지구4권의 상호작용과 관련될 것이다. 자연환경의 주제는 대기권, 수권, 암석권 및 생물권의 현상이며 지질시대 이후 직간접으로 변화를 일으켜 생물을 살 수 있도록 하였고 이들 권역의 상호관계가 중심이 될 것이다.

2. 지구 4권의 내용

(1) 대기권

대기(atmosphere)는 지구를 둘러싸고 있는 기체의 혼합물로 이루어졌다. 또한 매우 다양한 물질이 부유성 상태로 체류하면서 각종 화학반응이 일어나고 있으며 물질의 순환과 변화가 급격하게 발생하는 장소이다. 대기에서 물질의 이동은 광역적으로 이루어져 각종 환경오염에 의한 국제분쟁의 이유이기도 하다. 건조한 공기의 99%는 질소(N_2)와 산소(O_2)가 차지한다. 대기에서 이 두 기체는 혼합되어 있으므로 한 종류처럼 간주되어 있고 기체의 성분은 지표에서 100km 상공까지 대체로 균일하다. 그러나 산소는 동물과 박테리아 등 미생물의 호흡 때 사용되어 중요하며 식물은 호흡의 일부로 산소를 배출한다. 대기 중에 산소는 약 21%이고 질소는 78% 정도이다(표 3).

표 3. 등질권(Homosphere)의 대기의 구성

Gas	비율(%)	ppm	Gas	비율(%)	ppm
질소(N)	78.084	780,840	메탄(CH_4)	0.00014	1.4
산소(O)	20.946	209,460	크립톤(Kr)	0.00010	1.0
아르곤(Ar)	0.934	9,340	오존(O_3)	미량	
탄산가스(CO_2)	0.036	360	아산화질소(N_2O)	미량	
네온(Ne)	0.001818	18	수소(H)	미량	
헬륨(He)	0.000525	5	크세논(Xe)	미량	

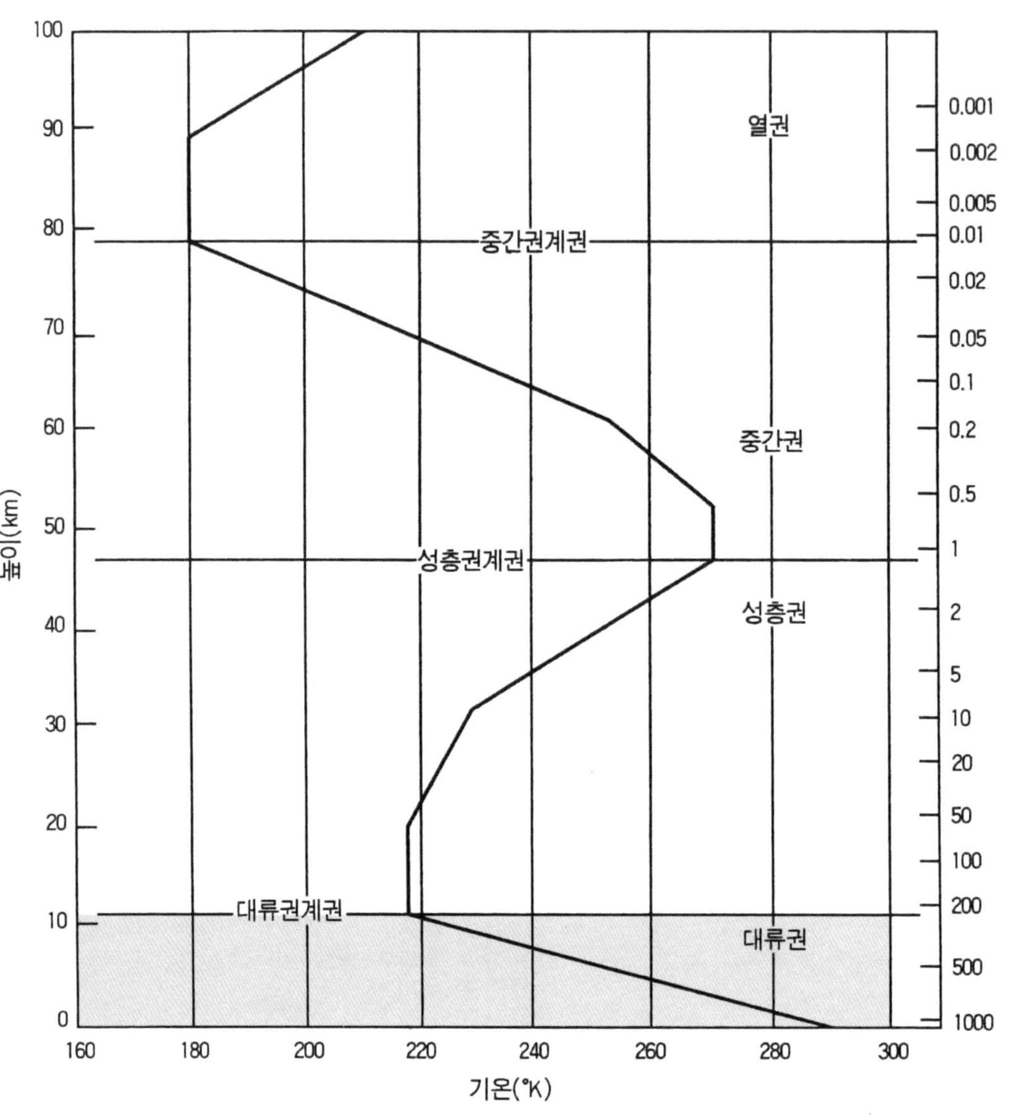

그림 11. 대기권의 구조

높이에 따른 기압도 표시되어 있다.
층상구조로 구성되어 있으며 기상현상은 최하층 대류권에서 발생한다.

대기는 수증기를 포함하는데 많게는 4%까지 차지한다. 구름과 강수는 수증기를 포함한 공기의 냉각으로부터 형성된다. 대부분의 수증기는 바다의 해면증발을 통하여 공급된다. 대기의 수증기 흡수 용량은 대기온도에 따라 달라지는데 온도가 높을수록 수증기량은 많아진다.

대기는 열적구조를 가지고 있다. 지표에서 고도에 따라 다수의 층으로 세분되는 수직구조 또는 층상구조를 갖는다(그림 11). 대류권이라 하는 제일 밑에 있는 층은 10~12km 이내이며 따뜻하고 온도의 변화에 따른 액체나 기체의 팽창, 수축에 의하여 순환운동을 일으키고 대기권 질량의 약 75% 이상을 점유한다. 여기에서는 날씨, 즉 기상현상이 발생한다. 지표면에서 고도가 높아짐에 따라 평균 0.65℃/100m씩 하강한다. 그 값을 환경기온감률 또는 기온감률(temperature lapse rate)이라고 한다.

대류권 위에는 성층권(stratopause)이 존재한다. 여기에는 공기가 희박하고 약간의 동결수분과 오존층으로 이루어진 두꺼운 권역이다. 성층권 상부는 기온이 20℃에 달한다. 성층권은 기층이 얇고 자외선복사가 희박한 가스인 오존에 의해 흡수된다. 이것은 유해한 형태인 태양복사로부터 생물권을 보호하고 있다.

대류권과 성층권의 경계는 대류권계면(tropopause)으로서 고도는 평균 12km 정도이다. 고도는 계절과 주·야간에 따라서 변한다.[6]

약 50km의 고도에서는 중간권(mesosphere) −2℃로 기온이 하강하고 기온이 높아지지 않는다. 중간권 위의 권역은 열권(thermosphere)으로 엷은 층이며 내용은 자세히 알려져 있지 않고 오로라, 즉 극광(極光, auroral)현상이 나타나고 있다.

(2) 암석권

암석권은 단단히 굳은 암석으로 이루어졌으며 지구상 가장 큰 덩어리의 권역이다. 암석권은 두개의 부분으로 구성되는데 맨틀(mantle)과 핵(core)으로 각각의 두께는 일정하여 거의 3,000km에 이른다(그림 3). 맨틀의 상부의 100km 내외에서만 생물권, 수권, 대기권과 직접 상호작용하고 있다. 또한 암석권은 지각을 포함한 얇은 두께(약 100km)의 다수의 판으로 나누어져 있다. 이러한 암판들은 지표를 서서히 수평 이동하는데 이것이 판구조이다. 판구조는 억년단위로 해양분지와 대륙의 모습을 형성하거나 바꾸고 있다. 판이 이동할 때 판위에 얹힌 대륙이 이동함으로 대륙이동의 원인이

---

6) 중위도지역의 경우 대류권계면 고도가 1월에는 12.5km, 7월에는 15km이고 적도지방은 그 높이가 16km이다.

된다.

전 세계의 지진이나 화산활동은 지각판[7]의 경계를 따라 발생한다. 암석권은 지표면 환경 구성에 영향을 주고 있다. 지각을 구성하고 있는 각종의 암석은 지표의 기복, 즉 지형 발달에 직·간접으로 영향을 미친다. 그리고 대륙과 대양으로 대표되는 지구의 1차적 기복은 지각판, 즉 지판(地板)의 운동과 관련하여 생긴 것이다. 다수의 지판은 지구내부의 열적순환과 관련되어 각기 특정한 방향으로 이동한다.

(3) 수 권

물이 없으면 어떠한 생명도 존재할 수 없으므로 물은 중요한 천연자원이다. 인간에게 물은 식수로 사용되고 사람의 몸 중에 70%는 물로 되어 있다. 고체로서의 물보다 액체로서의 물이 식생과 곡식생산에 중요하다. 바다와 호소 그리고 하천을 통하여 인간에게 어류를 공급해 왔다.

지구 전체의 물 공급의 97% 이상을 소유한 해양은 수권의 중심을 형성한다(그림 12). 그 밖의 빙하, 지하수, 호소, 하천 그리고 수증기의 상태로 존재하는 육지의 물은 바다로부터 공급된 물이다. 수권에서 물은 액체, 고체, 기체의 3가지 상태로 존재하며 화학적으로는 담수와 염수로 구분된다. 물은 또한 열 저장소(heat-storage)로 중요하다. 태양계에서는 유일하게 지구만 물을 소유하고 있다.

---

7) 지각판은 크게 대륙판(continental plate)과 대양판(oceanic plate)으로 구분된다.

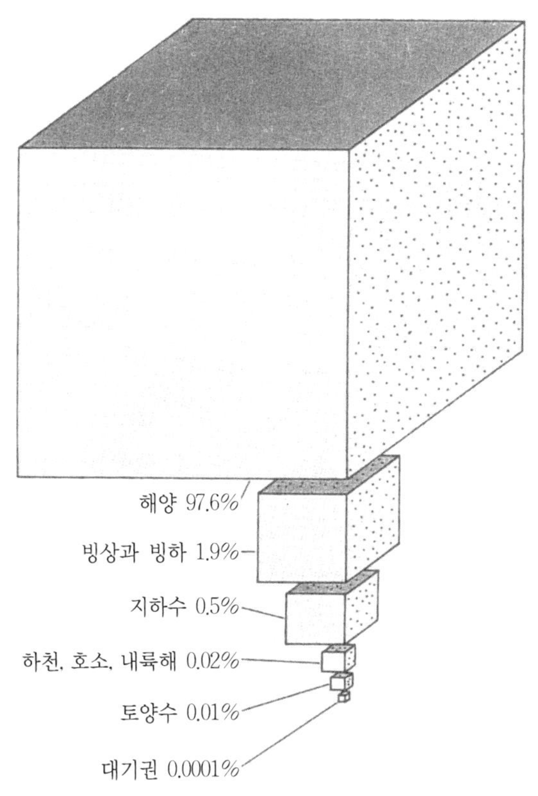

그림 12. 물의 지구상 분포현황

표 4. 지구의 물 분포

수괴별	물의 비율(%)
해 양	97.410
빙 하	1.984
지하수, 토양수	0.599
하천, 호소, 연못	0.007
대 기	0.001

지구상에서 물은 생물체와 그 주변세계를 파악하는 데 있어서 중요하다.

지구는 물의 행성(water planet)이라 불릴 만큼 물은 지구상에서 보편적으로 존재하고 있을 뿐 아니라 모든 생명은 이에 의존하고 있다.

지구의 물은 크게 해양, 빙하, 지하수, 지표수(하천, 호소, 습지), 대기 등 다섯 개로 구분된다(표 4). 여기에서는 서로 간 물 교환이 발생하여 유동시스템을 형성하며 이 순환과정은 지구의 생물체를 유지하는 데 있어서 중요한 역할을 한다.

물은 강수의 형태로 대부분이 지표상에 공급되는데 이 물의 일부는 대기 중으로 돌아가고 나머지는 지표를 흘러 하천, 지하수가 되어 결국 바다로 들어가게 된다. 바닷물은 증발에 의해 해면에서 대기 중으로 돌아가는 순환을 거듭하고 있다.

일 년을 통해서 지구 전체를 적산하면 기권과 수권 사이를 출입하는 수량은 평균상태를 이루고 있다. 그러나 어떤 지역이나 지점을 고려하면 기후인자의 차이로 곳에 따라 강수량이 상이하다. 반면 유출과 증발의 조건도 상이하다. 지표상 물의 수지관계와 어떤 지점에 생장하는 생물의 영향은 식물생태로 보는 기후학이나 자연환경으로서 기후를 중요시하는 지리학에 있어서 중요한 과제이다.

물은 물의 순환(hydrologic cycle 또는 water cycle)이라 불리는 지구생태계를 이동하는데 증발, 대기이동 강수 지표수, 침투수, 지하수 그리고 재증발이라는 과정을 통하여 지구생태계를 이동하고 있다(그림 13). 물은 끊임없이 해양과 대륙에서 대기로 증발하고 있으며 증발한 수증기는 응결하여 구름을 만들고 다시 강수로 해양이나 육지에 낙하한다. 해양으로 떨어진 강수는 다시 증발이 일어나면서 새로운 순환을 시작한다. 육지에 떨어진 물은 지하수로 침투하거나 지표면을 따라 흐르고 호소나 하천을 지나 바다로 흘러간다. 지표면을 흐르는 물도 일부는 증발하여 다시 대기로 환원되고 식물뿌리는 지표면에서 침투한 물 일부로 흡수하여 증발산에 의해서 다시 대기로 내보낸다.

지구상의 물은 액체상태로, 대기상태로 그리고 고체상태로 나타나며 용이하게 상호관계로 변화한다. 이 중에 액체상태로 나타나는 것이 가장 많으며 해수와 육수로 구분된다. 육지의 물인 육수(陸水, inland water)는 해수에 비해 많지 않지만 인간생활에 가장 중요한 자원의 하나이다. 물의 순환현상은 지구가 태양광선을 흡수할 때 발생하는 표면의 열이 원인이 되어 일어난다.

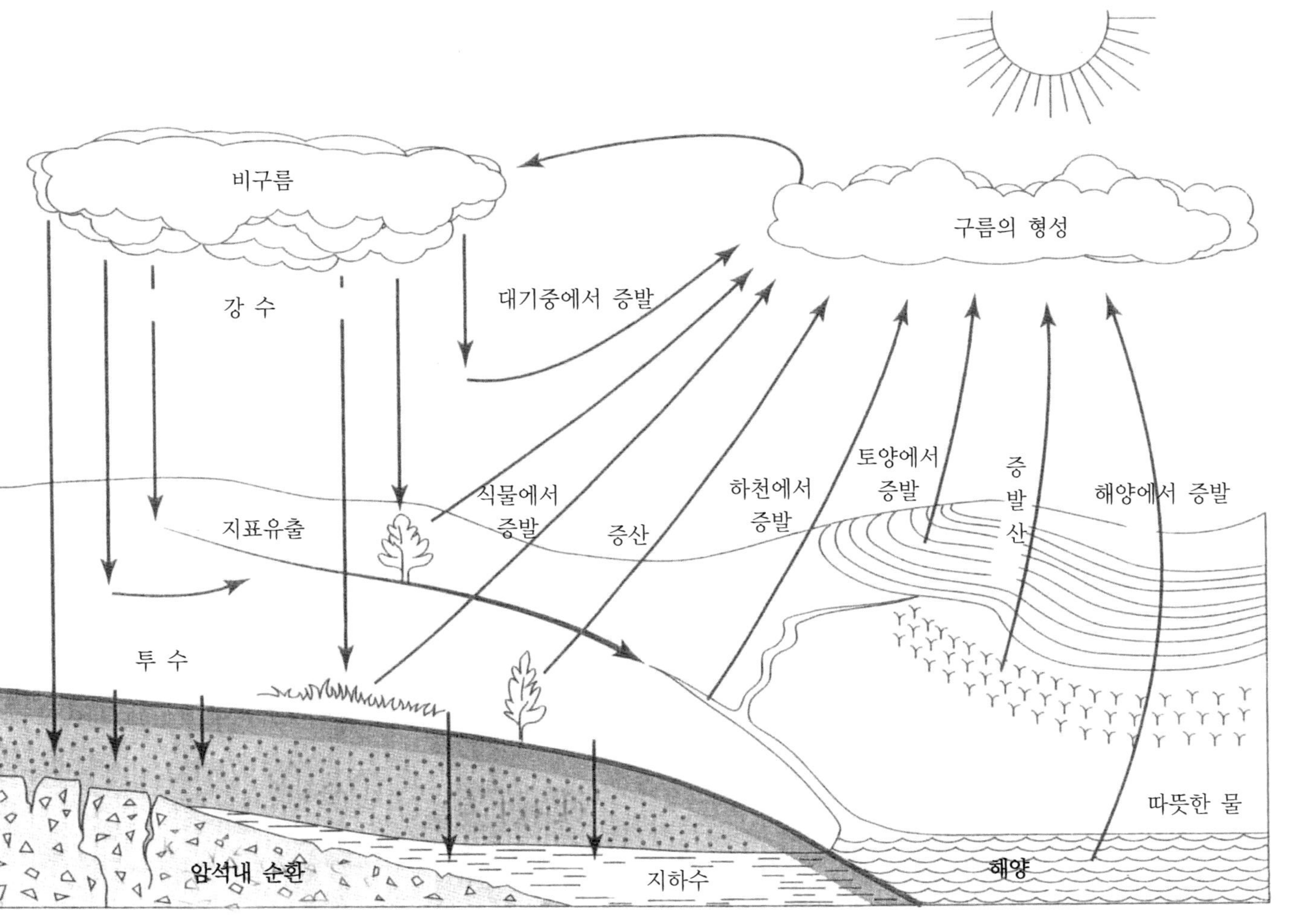

그림 13. 물의 순환(Water Cycle)

물순환은 태양복사 에너지에서 힘을 받아 대기, 해양, 대륙 사이에서 일어난다.

(4) 생물권

지구4권 중에서 가장 취약한 부분으로 지면과 수면의 얇은 층이며 생명의 대부분은 대기권 상부보다 지표면자체에 집중되고 있다. 생물권은 생물과 자연환경과 연결되어 생태권(ecosphere)으로도 불린다.

생물권은 지구상의 모든 생물과 이들이 살고 있는 범위이다. 지구상 생물의 무게를 합치면 약 10조 톤이다. 생물권의 무게는 대기권의 300분의 1, 수권의 130,000분의 1에 불과 하지만 원소가 생물지화학적(biogeochemical)으로 순환하는 데 매우 중요하다. 생물권을 기능적인 물질계로 보는 것이 생태계(ecosystem)이다.

생물권역은 생물이 생존할 수 있는 전 지표면을 하나의 생태적 단위로 하여 세 가지 환경으로 세분되는데 생물윤회(biocycle)라고 한다. 즉 (가)염수와 (나)담수 및 (다)육지이다. 염수는 해양이며 담수는 하천과 호소, 육지는 토양과 지면과 접촉부인 지표이다(10장의 자연식생환경 참조).

생물권역 중 식생분류는 식물군락의 구조와 세계기후의 적응 기초가 된다. 육지에서 식물군락은 국지적인 것에서 대륙적인 것에 이르기까지 다양하며 군락들 간에도 현저한 차이가 나타난다. 하나의 군락을 이루고 있는 식물들은 특정한 장소(habitat)[8]를 점유하고 있으면서 서로 경쟁을 벌인다. 환경의 변화가 일어나면 새로운 환경에 대하여 지게 되면 그 식물은 사라지고 강한 식물만 생존한다. 삼림 사바나 사막 등은 기후대와 일치한다. 기후적응에는 강수와 증발에 따른 습도와 광선, 기온, 바람 등이다.

삼림은 탄산가스를 흡수하고 산소와 수증기를 대기에 공급한다. 온대지방의 삼림은 주로 산지에 남아 있고, 대부분은 열대지방에 세계 삼림의 40% 이상이 분포하고 있다. 최근에 삼림은 곳곳에서 파괴되어 환경문제를 일으키고 있다. 초원은 지역에 따라 여러 가지 차이가 있지만 온대지방은 우기에 주로 성장하고 키 작은 풀이 넓은 면적을 피복하고 있다. 사막은 불모지역의 넓은 암석과 모래 지대의 엉성한 식생을

---

8) 생물군집, 종개체군 또는 개체가 생활하고 있는 장소는 각각 특이한 조건을 갖추고 있다.

가진다. 사막의 식생은 여러 가지 방법으로 건조에 견디어 내고 있다(그림 14). 생물권의 식생은 다른 환경요소에 미치는 영향이 상당히 크며 식생은 강수와 지표유출 및 기온과 습도를 조절한다. 식생은 토양에 뿌리를 내리고 성장하는데 토양은 식물에서 유기물질을 공급받고 양자의 관련성이 밀접하다. 동·식물을 포함하여 생물전체와 생활공간을 차지하는 무기적 자연이 하나의 체계를 이루는데 이것이 생태계[9]이다. 생물권 역시 태양계에서 지구만이 유일하다. 지구상 생물권의 기록은 주로 퇴적암에서 화석상태로 상세히 보존되어 있는데 오늘날의 생물종은 처음부터 지구상에 출현한 생물상에 비하여 불과 10%에 지나지 않는다고 한다.

그림 14. 사막식생

키가 큰 선인장(saguaro)과 키작은 관목선인장(ocotillo)이 건조환경에 잘
견디어 내고 있다.

---

9) 생태학(ecology)은 생물과 환경의 관련성을 고찰하는 학문이며 생태계의 구조와 기능을
   연구한다.

빙하시대

1. 빙하의 형성

지질시대 신생대 후반부인 플라이스토세(pleistocene)에 들어서는 기후가 대단히 한랭하여 빙하가 크게 확장되었다. 이러한 시기를 빙기(glacial period)라고 하며 현재처럼 빙하가 축소되고 따뜻한 간빙기(interglacial period)가 여러 번 되풀이되었다(그림 15, 16). 빙기의 최성기는 현재 육지의 약 30%가 빙하로 덮였다(그림 16).

최후의 빙기가 끝난 이후 현재까지의 기간을 후빙기(後氷期, post glacial period)[10]라 하고 약 1만 년 전에 시작되었다.

오늘날 지표환경에는 빙하작용의 흔적이 생생히 남아 있고 빙하의 등장은 지구적 기후환경, 지형 및 식생환경에도 크게 영향을 주었다. 특히 대륙에서 빙하가 확장되면서 해면이 하강하여 침식기준면이 낮아지고 하천을 중심으로 진행되던 침식윤회가 중단되고 해안지형의 변화 특히 해안선의 이동, 즉 해진과 해퇴가 발생한다.

---

10) 현세(現世, Recent) 또는 충적세(沖積世, alluvium)이라고 한다.

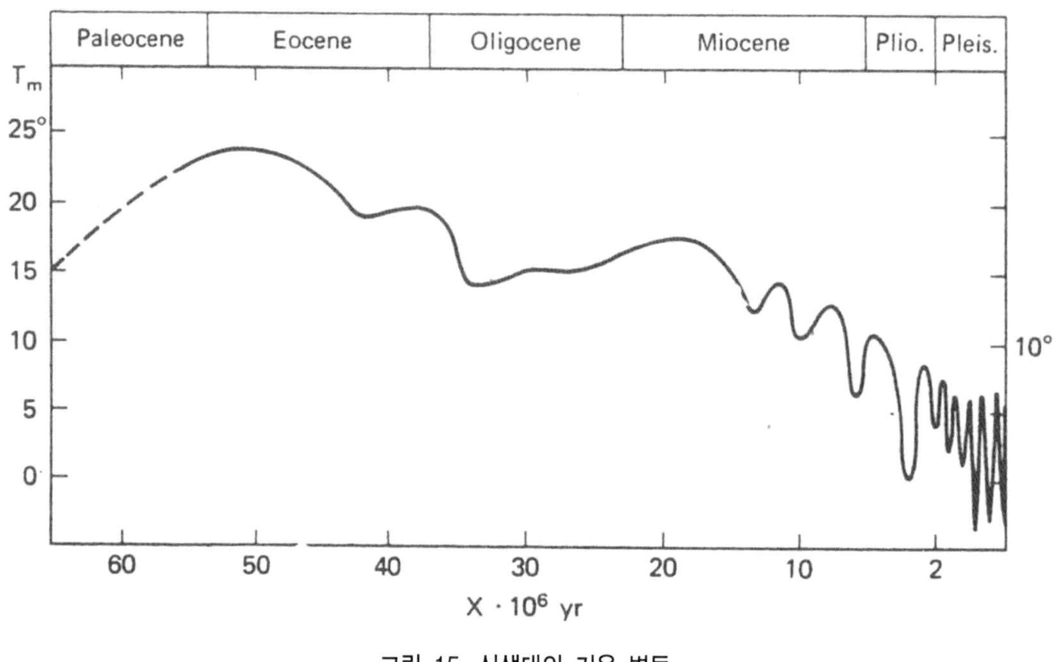

그림 15. 신생대의 기온 변동

신생대 초기는 팔레오세(paleocene)이고 말기의 플라이오세(Plio.)와 플라이스토세(pleis.)의
연대 축척은 축소되어 있다.

빙하는 눈(snow)이 쌓이고 녹지 않으며 압축되고 융해와 결빙으로 재결정 빙하빙(glacier ice) 과정을 통하여 시작되는 얼음의 이동 시스템이다. 빙하발달의 조건은 단순하다. 즉 매년 내리는 눈이 녹거나 증발로 인한 소실보다 많은 양의 눈이 쌓이는 것이다. 이러한 조건에서 매년 새로운 눈층(snow layer)이 수년간 형성되어 두꺼워지고 거대한 얼음층이 결국 자체 무게로 경사를 따라 흐르게 된다. 빙하는 하천이나 지하수처럼 중력에 따라 이동하는 개방시스템이다. 수분이 눈이 쌓이는 빙하의 상층부로 주입되고 곧 얼음으로 전환된다.

만년설(névé)은 눈이 계속 쌓여서 융해와 동결을 반복하여 재결정작용으로 비중이 0.5 정도에 달한 상태이다. 만년설이 더욱 두꺼워지면 빙하빙이 되어 흐르기 시작한다. 고산지, 고위도에서 기온이 낮아지고 적설의 눈은 여름에도 녹지 않으며 만년설을 형성한다. 이 한계를 설선(snow line) 높이라고 한다. 설선은 일년 중 눈으로 덮여있는 지역과 녹는 지역의 경계선이다. 빙하의 이동속도는 그린란드에서 연간5cm 정도이다.

그림 16. 플라이스토세의 빙하

빙하는 북아메리카, 유럽 및 아시아지역을 덮었고 고산지역에도 존재하였다.
알래스카와 시베리아는 한랭하였으나 건조하여 강설이 드물어 빙하가 형성되지 않았다.

그림 17. 빙하의 말단지역(노르웨이)

빙폭(ice－fall)이 형성되어 있다

빙하의 이동은 하루에 수cm~1m 정도이고 빙하의 말단부(terminus)는 융해와 증발이 이루어지는 시스템이다. 그림 17은 노르웨이 남부의 말단빙하로 현재 고도 1700m에 위치하고 있으며 산록의 빙모(ice-cap)에서 가까운 곳이다. 여기의 빙하모습은 다양하고 불규칙한 움직임이 있다고 보고되어 있다.

빙하는 고산지대의 설원(snowfield)에서 기원하는 곡빙하(valley glacier)와 대륙의 넓은 부분을 덮는 수천m의 두께로 된 빙상(氷床, ice sheet), 즉 대륙빙하(continental glacier)로 구분된다.

빙기는 고생대의 석탄기 후기와 페름기(Permian)에도 대규모로 출현하였지만 본격적인 빙하의 연구는 알프스산지에서 시작되었으며 1830경 스위스의 박물학자 아가시(Agassiz)와 펭크(Penck)가 알프스 산지가 융기하기 전에 기온이 매우 하강한 추운 시절이 있었음을 알아냈고(그림 18) 알프스의 현재빙하 말단보다 낮은 곳에 빙퇴석과 빙하찰흔이 있었다는 것을 밝혀낸 바 있다. 유럽과 미국의 학자들은 이것을 연구하여 제4기의 빙하가 250만 년 전부터 지금까지 적어도 4회의 빙기와 3번의 간빙기가 번갈아 있었음을 밝혀내고 (표 5) 이 시대를 대빙하시대(great ice age)라고 칭하였다.

2. 빙하시대의 구분

알프스에서는 오래된 빙기의 순으로 균즈(Günz), 민델(Mindel), 리스(Riss), 뷰름(Würm)이라 하고 북미에서는 네브래스카(Nebraska), 캔자스(Kansas), 일리노이(Illonois) 그리고 위스콘신(Wisconsin)이라고 부르며 그 사이에 간빙기가 있었다(표 5). 네 번의 걸친 빙기도 같은 빙기가 아니고 짧고 긴 주기의 변화가 겹쳐 있다(그림 18). 빙하시대는 인류의 출현과 더불어 지질시대 제4기의 2대 사건으로 되어 있다. 지질시대 말 플라이스토세의 처음 100만년 동안은 비교적 따뜻했고 그 후 추운기간이 도래하여 열대성 아열대성 식생이 중위도대에서 사라졌다. 90만 년 전 스칸디나비

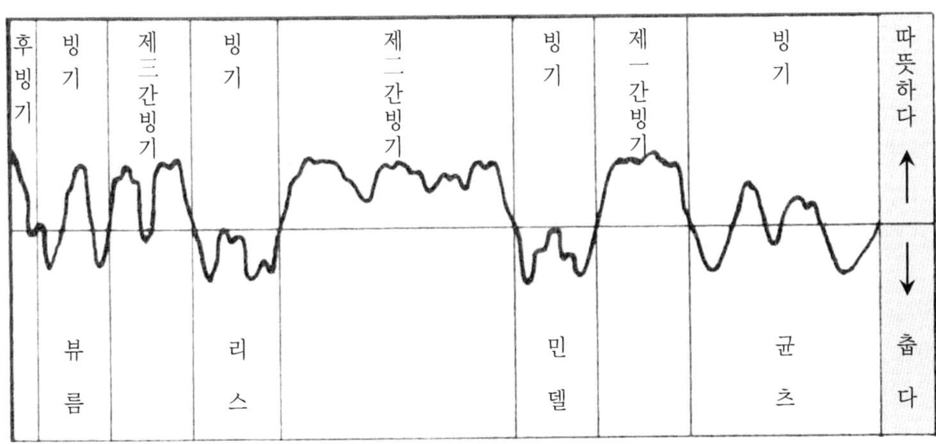

그림 18. 제4기 빙기의 기온변화

밑변 오른쪽이 280만 년 전이고 왼쪽이 현대 기점이다.

아와 캐나다에 대륙빙하가 수차례 발달하였다. 중기 플라이스토세(약 70만 년 전)까지 빙기와 간빙기가 반복되었다. 최후 간빙기는 약 12.5만 년 전에 시작되었고 오늘날 환경과 유사했다. 그리고 9.5만 년 전 다시 빙하가 확장되었다.

그리고 1만 년 전 최후빙기가 끝났다. 그 이후 현재의 기간이 후빙기이다.

표 5. 빙하시대의 구분

Age(시대)	10,000 of years ago(연대)
1. **Günz**(Nebraskan gl.)	600±325
Gunz－mindel(Aftonian intergl.)	500±270
2. **Mindel**(Kansan gl.)	420±240
Mindel－Riss(Yarmoth intergl.)	300±130
3. **Riss**(Illinoian gl.)	187±76
Riss－Wurm(Sangamon intergl.)	37±16
4. **Würm**(Wisconsin gl.)	10.3±1.

3. 빙하시대의 영향

지형, 지질학적인 입장에서 본다면 빙하의 작용은 침식과 퇴적을 통하여 각종의 빙하지형을 형성하는 것이고 지표에 남아 있는 지형으로는 대륙빙하에서 빙하가 운반, 퇴적한 퇴석 또는 모레인(moraine)이 대표적이다. 산악빙하에서 권곡(cirque, Kar)은 설선 주변에 빙하로 깎여진 반원형의 험준한 빙식산지이다. 권곡은 빙식곡의 상단부에서 자주 발견되고 권곡빙하에 의하여 형성된다(그림 19).

크레바스(crevasse)는 빙하에서 관찰되는 갈라진 틈인데 빙하가 권곡을 벗어날 때 경사의 급변으로 얼음이 부서져서 표면에 생긴 좁고 긴 틈이다(그림 20, 21).

깊이는 30m 이상이고 그 형태에 따라 빙하유동의 실태를 측정한다.

바다에서 증발한 수분이 육지에 빙하로 갇히게 됨에 따라 범세계적인 해면이 크게 낮아졌다(그림 22). 해수면의 높이는 빙하의 발달과 후퇴에 따라 크게 변화한다. 빙기에는 해면이 하강하고 간빙기에는 높아진다. 특히 후빙기 최고기온에는 세계 곳곳에 해진이 일어난다.

빙하가 녹으면 그만큼 바닷물이 증대되는 것이다. 빙하의 확대, 축소에 따라 나타나는 범세계적 해수면 승강운동을 빙하성 해수면 변동(eustatic movement of sea level)이라고 한다. 해면이 낮아질 때는(최대 100m 하강) 하천의 하류는 강바닥을 깊이 깎아서 하천 주변은 하안단구로 변한다. 이러한 현상은 지표지형에 절대적으로 영향을 주게 된다.

한국의 주변 바다는 대륙붕이 완전히 육지화되어 중국 본토와 일본과도 육지화되어 있었다. 빙기가 끝나면서 해면상승으로 황해와 동해가 형성되었다.

기온이 승강을 되풀이하면서 점점 낮아짐에 따라 중위도지방의 열대 및 아열대식생이 사라졌다(10장의 식물분포의 기초 참조).

대륙빙하의 발달로 세계의 기후대는 적도 쪽으로 압축되어 유럽과 북아메리카의 일부지역은 주빙하 기후(periglcail climate)[11]를 초래하였다.

---

11) 빙하가 없는 고위도의 툰드라와 중위도의 고산지방에서 주빙하지형을 발달시키는 기후이다.

그림 19. 빙하의 구조

빙하는 겨울에 내린 눈이 서늘한 여름기온으로 녹지 않고 연중 지속될 때 형성된다.
곡빙하와 권곡은 산악빙하에 속하고 산지로부터 흘러내린 곡빙하가 산기슭의 평지에 모여 빙원을
이루면 산록빙하이다.

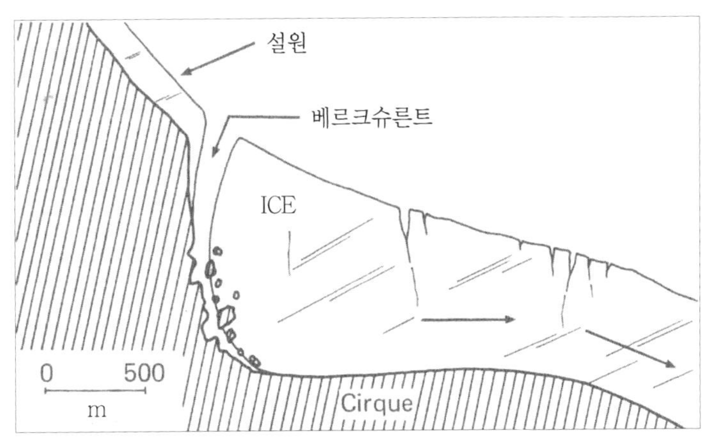

그림 20. 곡빙하(valley glacier)에 의하여 형성되는 권곡

권곡벽은 크레바스인 베르크슈른트(bergshrund)에 융빙수가 유입되어 암반에 물리적 작용이
활발하여 형성된다.

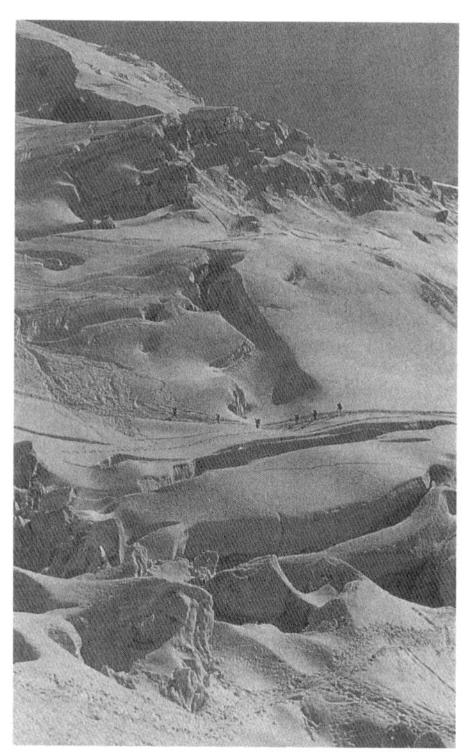

그림 21. 크레바스

몽블랑(Mont Blanc)산지 빙하의 급경사에서 관찰된다.
빙하가 늘어날 때 벌어진 틈이다.

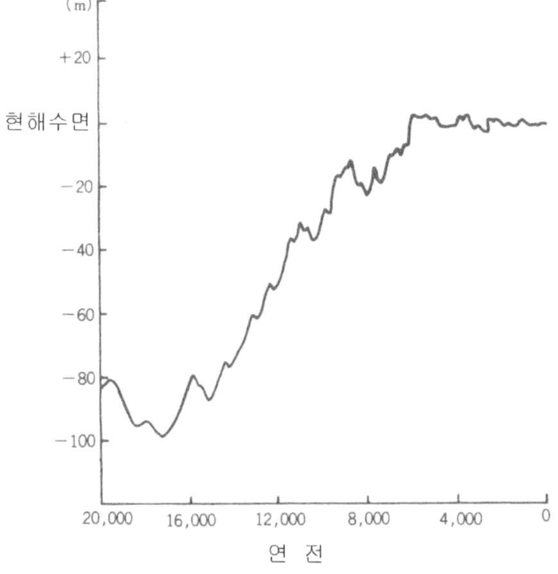

그림 22. 해수면의 변화

빙기의 극심한 기온의 하강은 지구상 대부분 생물상에 큰 변화를 초래하였다. 빙하의 전진에 따라 동물과 식물은 남쪽으로 후퇴하거나 멸절하였다. 바다는 냉량하여 해양생물의 분포와 종류에 영향하였고 화학적인 성분이 변하였다. 해류의 방향이 달라졌고 대륙붕이 육지화하여 베링해협(Bering Strait)이 사라져 인류와 동물이 이동하였다.

빙하와 빙산이 바다로 유입되어 빙하퇴적물이 바다로 운반되고 빙하가 녹으면서 점토와 자갈, 깨진 암반을 심해저에 대량으로 퇴적시켰다.

플라이스토세에 두꺼운 빙상으로 덮였던 스칸디나비아 같은 지역은 약 1만 년 전 이후 지반이 약 270m나 융기하였다. 그 이유는 빙하가 없어지면서 지금까지 지각평형의 원리에 의한 것이다. 지반의 융기현상은 빙상의 중심부에서 많이, 주변부는 적게 일어난다. 빙하는 바다로부터 물을 육지에 가두게 되어 해면을 저하시키고 자체의 무게로 지반을 침하시켰다.[12]

해면이 낮았을 때 형성된 해안단구와 비치가 해안선을 따라 높은 위치에서 그 흔적이 발견된다. 가장 높은 단구(지중해 연안)는 300m로서 그 밑에서 계단 모양으로 다수의 단구가 있다. 이들은 해면이 낮아짐에 따라 형성된 것이라고 생각하지만 지중해 연안은 조산대로서 지각변동으로 이루어진 견해도 있다. 해안단구는 파식에 의하여 평탄화된 해저지형이 해면 위로 올라온 것으로 지반운동이 있었던 해안에서 관찰되고 한편 고해수면과 관련된 것도 보고되어 있다(그림 24).

다우호(多雨湖, pluvial lake)는 빙기에 건조지역 중 일부에서 비가 내릴 경우 삼림이 발달하고 내륙호소가 확대되어 수위가 높아졌다. 미국의 Great Basin지역에는 100여 개의 다우호가 확인되며 고호소(ancient lake)인 Bonneville은 대표적이고[13] 오늘날 미국 유타 주의 대염호(Great salt lake)는 그 유적이다. 이 기간은 호소 퇴적물의 탄소 연대측정으로 약 23,000년 전으로 위스콘신 빙기 때였다. 간빙기에는 기후의 온난화에 따라 증발량이 증대하였고 건조화했다.

막대한 규모의 얼음의 출현으로 대기순환 패턴이 달라졌다. 대륙빙상 주변은 치밀한 한랭대기로 인하여 바람은 지속적으로 불게 되는 강풍으로 변하였고 이 강풍은

---

12) 빙하 중심부에서는 그 두께의 약 1/3 만큼 지반을 침강시켰다.
13) Bonneville호는 면적이 51, 700km로 현재 미국의 미시간 호 정도이고 최대 수심은 335m였다. 호 안에는 다수의 호안단구가 있으며 현재는 축소되어 사해와 같이 함수호로 유명하다.

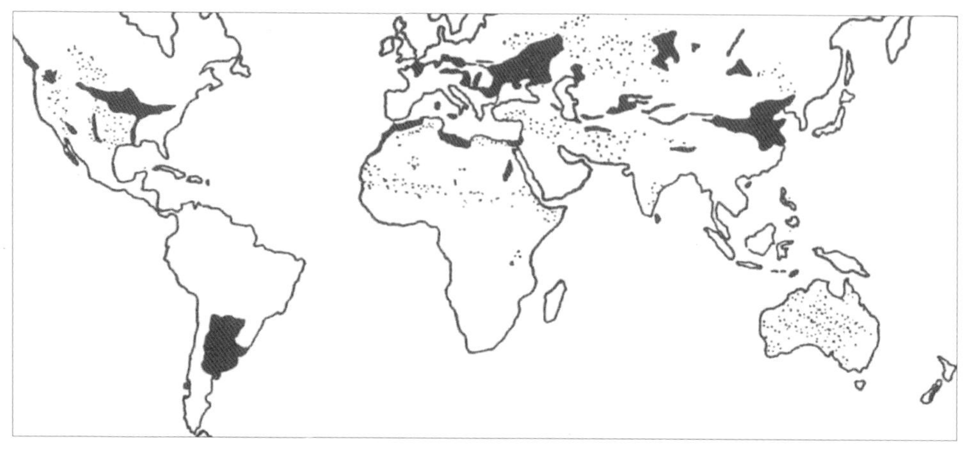

그림 23. 뢰스의 분포

뢰스(Löss)는 제4기 빙기에 주로 형성되었다.

먼지와 같은 미립질을 운반하여 수백 미터 두께로 쌓아 놓았다. 흔히 황토라고 불리는 담황색의 뢰스(loess)는 바로 빙기에 강풍에 의하여 운반된 토양(wind-blown silt)이다. 이 토양은 중국의 북부 황하(黃河)를 비롯하여 미시시피 강, 중부유럽의 다뉴브 강, 라인 강 주변에 분포한다(그림 23). 동시에 사구(sand dune) 역시 지구상 광범위하게 발달하였으며 현재는 초원식생으로 안정되어 화석화되었다.

현재 존재하는 빙하가 다 녹게 되면 해수면이 현재보다 60m 더 높아질 것이고 빙기에는 130m 정도 해수면이 낮았으며 중위도 지방의 기온이 현재보다 6℃ 정도 낮았다. 플라이스토세의 얼음의 덩어리로부터 융빙수는 지표유출을 증가시켜 하곡을 확대시키고 퇴적물로 채우는가 하면 하계망을 바꾸었다.

저온의 영향은 암석의 동결파쇄를 유발하고 여름철 지표의 얇은 부분이 융해되어 솔리플럭션 사면이동을 활발히 진행시켜 사면을 더욱 완만하게 만들면서 주빙하지형(periglacial landforms)이라고 하는 특수한 지형을 표출한다.

간빙기의 기후는 오늘날과 유사했으며 최후간빙기는 12만 년 전에 시작되었고 기후와 식생은 현재와 비슷하였다고 여겨진다. 해수면이 상승하면서 빙기 때 넓어지고 깊어진 하구는 오늘날 훌륭한 항구가 되었다.[14]

플라이스토세 중기인 70만 년 전~12.5만 년 전(최후간빙기)까지의 기간에도 빙기와 간빙기가 4회 이상으로 되풀이되었다.

---

14) 뉴욕, 샌프란시스코, 함부르크, 리스본, 도쿄, 마닐라 등이다.

그림 24. 해안단구

파식대가 해면 위로 융기하여 형성된 암석단구로 빙하성 해면변동의 증거로 제시된다.

기후환경

1. 기후의 개념

기후(氣候, climate)는 매년 되풀이되어 출현하는 대기의 현상이다. 지표면의 특정 장소에서 매년 비슷한 시기에 출현하는 평균적이며 종합적인 대기 상태를 기후라고 할 수 있다. 어떤 지역에 겨울이 오면 추워지고 여름이 오면 더워지는 것이 기후의 사례이다. 지표상의 기후특성은 지구표면과 지구 및 태양 사이의 관계에 따라 지역마다 상이하게 나타난다. 또한 어떤 지역이든 기후의 특성은 결코 영구불변하지 않고 장기적으로 볼 때 서서히 변한다.

지표면은 대양과 대륙으로 구성되어 있고 대기가 둘러싸고 있다. 기후가 다른 자연환경과 구별되는 것은 공간적으로나 시간적으로 동적(動的)인 데 있다. 지구의 자연환경은 지속적으로 변화하고 있으며 기후환경은 다른 어떤 구성요소보다 빠르게 변화한다. 열대, 온대, 한대기후 등 세계의 기후는 태양열이 지구상에 고르게 배분되지 않기 때문이다.[15] 기후는 기온, 강수, 바람, 습도 등의 기후요소(climate elements)에 의하여 결정된다. 기후요소의 분포를 결정하는 것은 위도, 지형, 해류 고도 등으로 기후인자(climate factors)라고 한다. 어떤 지역의 기후를 언급할 때는 장기간에 걸쳐 관측된 기후요소의 평균치이다.

기후는 자연환경의 중심 분야로 대기과학의 영역에 포함된다.[16] 세계의 기후를 분류하고 각 기후의 특색을 밝히는 것이 목적이다. 기후와 같이 쓰이는 기상(氣象, weather)은 대기 중에 일어나는 대기현상으로 시간 규모로 보아 짧은 대기현상이며 날씨라고도 한다. 기후현상을 물리적/역학적 입장에서 연구하는 분야는 대규모의 대기운동과 관련이 있고[17] 기단(air mass)이나 전선(front)의 특성에 따라서 연구하는 분야로 특성화되어 있다.[18]

한편 세계각지의 기후환경을 유형화하여 구분할 수 있다. 즉 각 지역의 기후특성을 비교 고찰하여 같은 특성끼리 묶어서 기후지역을 설정한다.[19]

기후개념은 과거의 정적인 형태로 정의되던 것에서 이제 하나의 운동학적인 개념으로 발전하였다. 즉 기후 시스템(climate system)은 기후를 만드는 열역학적 개념이다. 기후시스템은 지구4권으로 구성된다. 각각의 권역들은 서로 다른 성분과 물리적 특성과 구조 그리고 양태를 가지고 있지만 기후시스템은 이 4권의 권들 사이에 일어나는 에너지와 수증기 등 물질 상호 교환을 통하여 연결되어 있다. 그림 25는 기후를 구성하는 이들 권역과 상호 관련성과 중요한 과정을 나타낸다.

최근 기후에 대한 관심은 온실가스의 증가로 인한 기후변화로 지구 온난화(global warming)와 바닷물의 온도변화(엘니뇨, El Nino) 및 강수량의 변동, 사막화(desertification)[20]가 있다.

---

15) 이것을 부등가열(不等加熱)이라 한다.
16) 기후학(climatology), 기상학(meteorology)을 포함하고 있음.
17) 이러한 기후학을 동기후학(dynamic climatology)이라고 한다.
18) 이러한 기후학을 종관기후학(synoptic climatology)이라고 한다.
19) 도이칠란트의 기후학자 W. Köppen은 1918년 세계의 식물과 기온 강수량의 수치를 가지고 대기후구를 설정한 바 있다.
20) 사막화는 주로 적은 강수량과 과방목, 산림감소, 농경지개간, 표토의 유실 등 인위적인 요인이 크다.

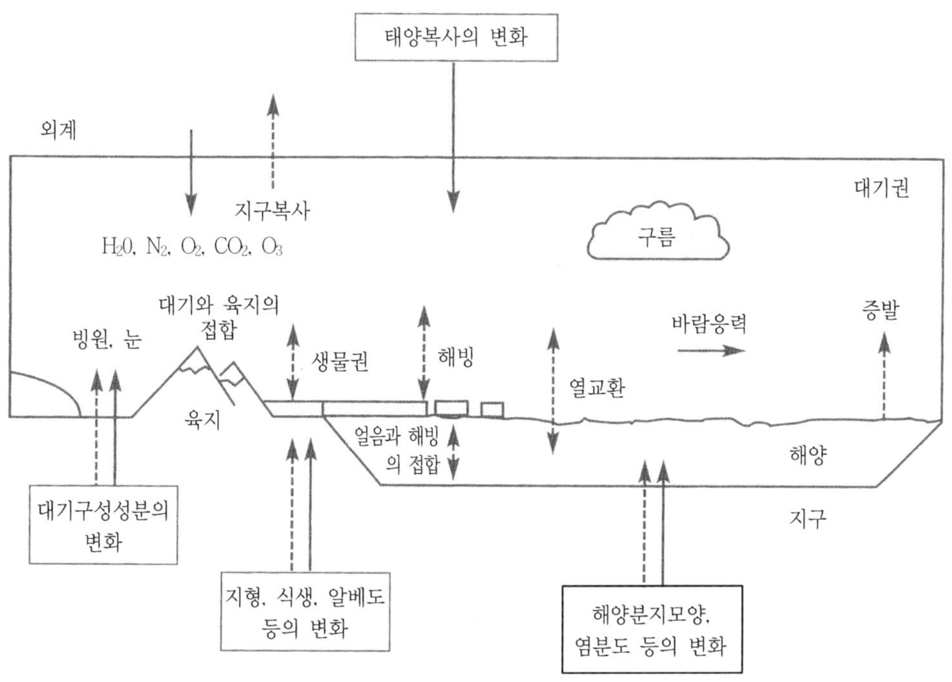

그림 25. 기후시스템의 모습

기후시스템의 구성은 대기권. 수권. 설빙권. 생물권과 기권 등이다.

2. 기후의 형성

1) 태양의 복사에너지

기후 시스템을 움직이는 에너지의 대부분은 표면온도 6000°C인 태양에서 공급된다. 태양에서 방출하는 복사에너지는 매우 짧은 r선. X선. 자외선. 가시광선. 적외선 등 여러 광선들로 이루어진다(그림 26).

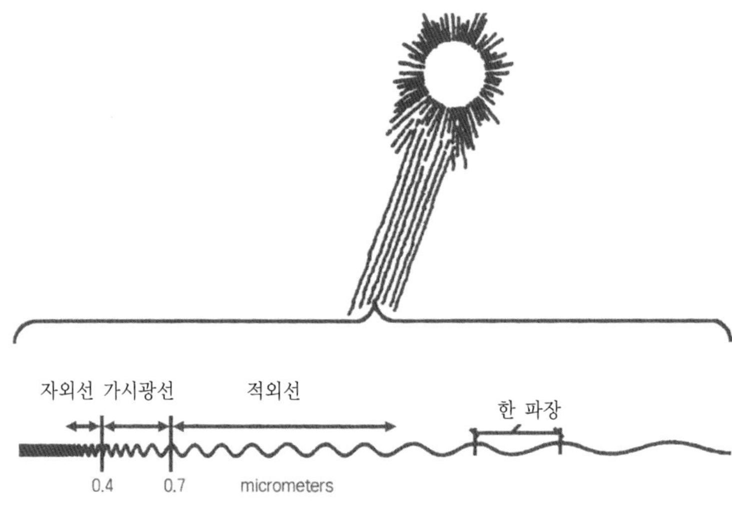

그림 26. 태양에서 방출되는 여러 광선들

태양복사가 지구 대기에 입사하면 일부는 대기층을 통과하고 다른 일부는 대기에 흡수된다. 지표면과 대기 사이의 에너지 이동은 복사, 전도, 대류 그리고 수증기 증발과 같이 다양한 방법에 의하여 일어나고 있다(그림 27). 복사는 열원(heat source)으로부터, 즉 태양으로부터 직접 열을 받는 경우이다.[21] 이것을 태양복사 또는 일사(insolation)라고 한다.[22] 일사는 복사광선이 대기를 통과할 때 일부 소실된다.[23] 일사량은 위도와 계절(낮의 길이)과 관계가 있다. 기후현상은 지표면의 태양에너지의 고르지 못한 분포, 즉 부등가열에 의한 것이다. 그림 29는 대기상한에서 위도대별 일사량의 분포이다. 극지방의 겨울기간에는 태양고도가 수평선 이하임으로 일사량이 0에 이르며 적도지방은 연중 일사량이 높은 값을 유지한다. 중위도 지방은 태양고도의 변화에 따라서 시기별로 일사량이 크게 변한다.

---

21) 태양복사에너지의 태양상수는 $1cm^2$당 1cal에 해당하는 열량단위임.
22) 태양복사에 대한 지구복사는 지표면에서 방출되는 것으로 주로 적외선 영역에서 나타난다. 파장범위는 $4-100\mu m$로 장파에 속한다. 태양복사는 단파복사이다.
23) 대류권을 통과할 때 산란, 흡수, 반사가 있다.

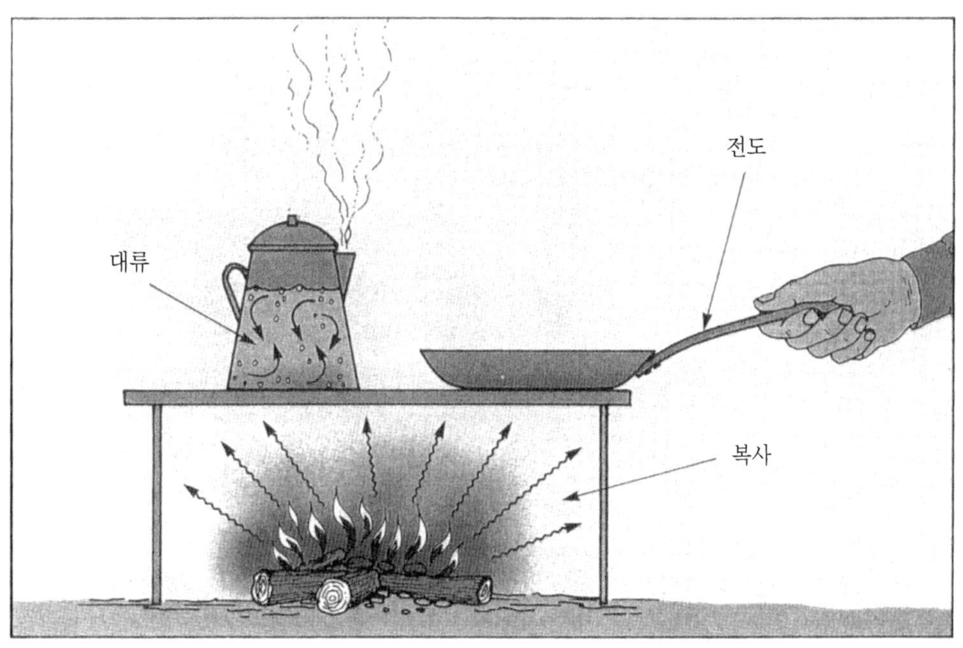

그림 27. 복사 대류 전도(열 이동의 형태)

그림 28은 대기권 외곽의 수평면에서 1년을 통해 1일을 단위로 받아들이는 태양복사에너지가 위도별 표시되어 있다. 태양의 고도, 밤낮의 길이에 따라 다르다. 하지 때는 북반구에, 동지 때는 남반구가 더 많은 양의태양 복사 에너지가 입사한다. 또한 하지 때 북극과 동지 때 남극에는 24시간 복사에너지를 받는다.

기온(air temperature)은 대기의 온도를 줄인 것이고 물이 끓는점을 100℃로 한 섭씨온도 눈금을 사용한다. 일반적으로 지표상 1.5cm 높이에 설치한 백엽상안에서 관측한 공기의 온도를 말한다. 하루의 기온변화를 일변화라 하고 하루 중 최고기온과 최저기온에 나타나는 시간과 일교차이다. 기온의 연변화는 월평균 기온으로 알 수 있고 위도와의 관계에서 상이한 것이 특색이다. 연교차는 최한월과 최난월의 차이이고 고위도지방으로 갈수록 증대하며 해안지방에서 내륙지방으로 갈수록 커진다. 지형과 고도에 따라 기온은 변하고 있다.

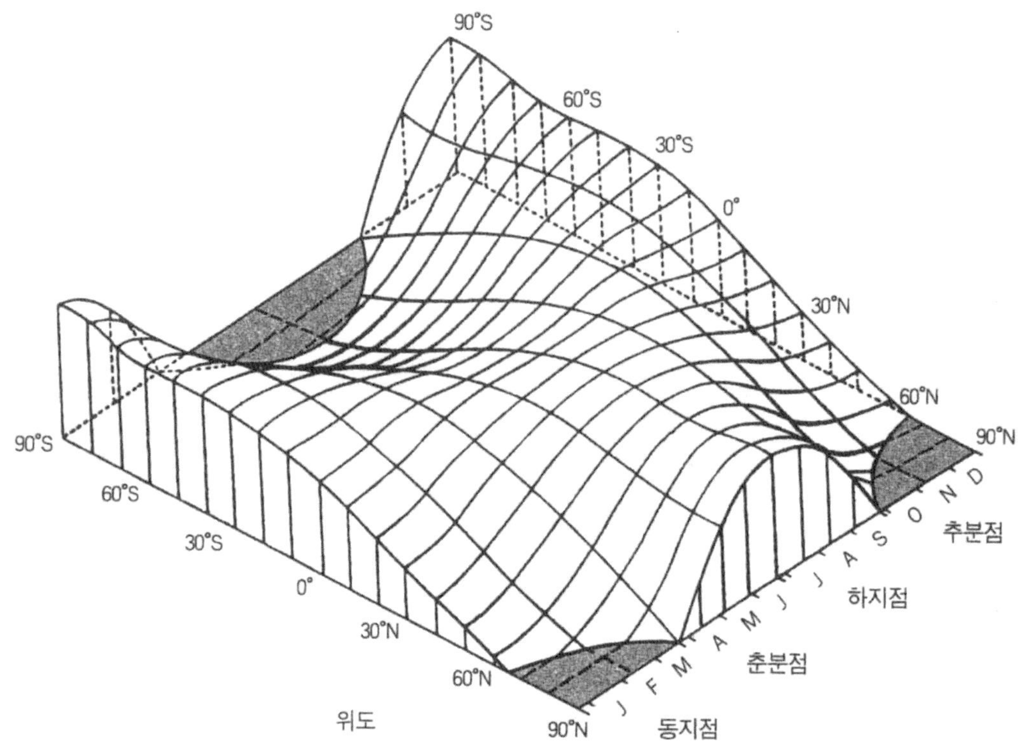

그림 28. 위도대별 일사량 분포

위도별·월별 대기 상층에 도달하는 태양 에너지의 상대적 크기. 그림자 부분은 일사가 미치지 않는 지역이다.

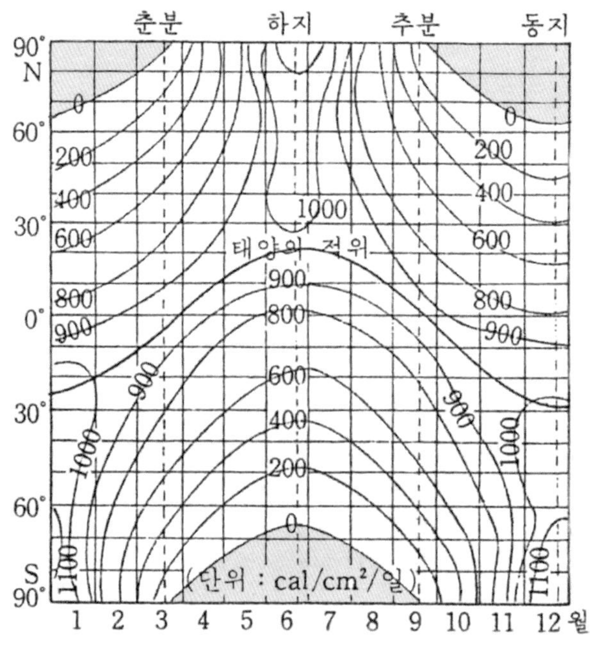

그림 29. 대기 상한에서의 일사량

태양의 적위(sun's declination)는 햇빛이 수직으로 비추는 위치이다.
숫자는 1일 langley 단위이다.

2) 기압과 바람

(1) 고기압과 저기압

기압(air pressure)은 대기가 지표면에 가하는 압력으로 고도가 증가하면 급속히 감소한다. 기압은 또한 공간적으로 시간적으로 항상 변한다. 기압은 등압선(isobar)으로 표시한다.

주위보다 기압이 높은 구역을 고기압(anticycle, high)이라 하고 주변보다 낮으면 저기압(cyclone, low)라고 한다. 저기압은 고기압보다 그 중심이 뚜렷하다. 저기압의 중심기압은 960 - 1,025hPa이다.[24] 고기압은 등압선의 분포에서 결정되고 북반구에서 바람이 시계바늘 방향으로 불게 되고 남반구에서는 그 반대로 불고 있다. 고기압의 크기는 1,000km 이상이며 하강기류가 발생하여 날씨가 맑으며 바람은 약하다. 북반구에서는 시계방향으로 회전하며 불어 나간다. 대류권의 하층에 한랭한 공기가 퇴적된 고기압과 대류권 전체에 걸쳐 따뜻하고 그 위의 성층권에 이르러서 한랭하게 된 고기압이 있다. 전자를 한랭고기압 또는 키 낮은 고기압이라 하고 후자를 온난고기압 또는 키가 큰 고기압이라 한다. 저기압은 주변으로부터 바람이 불어 들어오며 북반구에서는 시계방향의 반대방향으로, 남반구에서는 그 반대이다. 저기압 중심부는 대기가 상승하여 구름을 발생시켜 비를 내린다. 열대 지방에서 발생하는 것을 열대 저기압이라 하고, 온대에서 발생하는 것을 온대저기압이라고 한다. 일반적으로 저기압이라 할 때는 온대저기압을 뜻한다.

저기압으로 불어 드는 공기 중 북쪽에서 오는 한랭 건조한 기단과 남쪽에서 접근하는 온난 습윤한 기단은 그 성질이 다르므로 만나는 곳에 뚜렷한 불연속면, 즉 전선면이 형성된다. 그림 30은 전형적인 온대저기압의 모형도이다. 음영부분은 강수구역이고 화살표의 곡선은 기류를 나타낸다. 따뜻한 기단이 불어 들고 있는 남쪽 부분을 난구역(warm sector)이라 한다.

---

24) hPa는 힘의 단위이다. 과거에는 mb를 사용했으나 hPa와 같은 값이다.

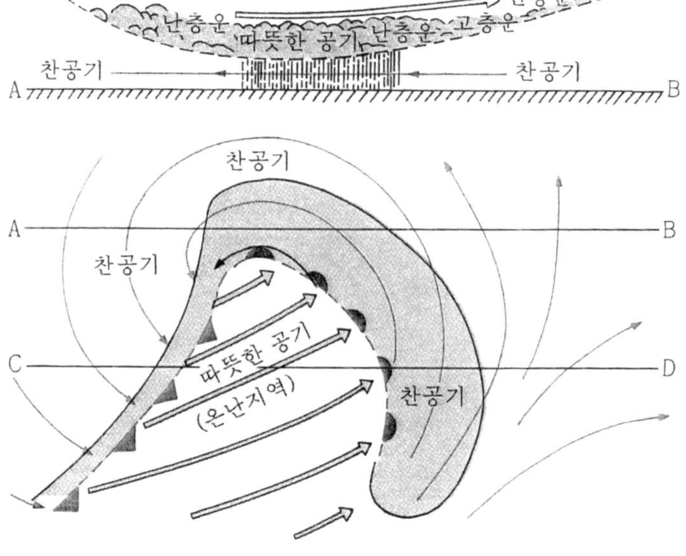

그림 30 . 저기압의 형성(Bjerknes의 모델)

강수구역이 표시되어 있다.

(2) 바 람

바람(wind)은 대기가 이동하는 것으로 두 지역 사이에 기압차이로 발생하는데 대기권에서는 지역 간의 온도 차이가 바람을 추진하는 기본적인 힘이다. 바람은 지구의 자전, 마찰력과 난류와 산지 같은 지형에 따라 복잡해진다. 고기압에서는 바람이 바깥으로 불어 나가고 저기압의 중심으로는 바람이 불어 들어간다. 대기대순환(general circulation)은 지구를 둘러싼 전 지구적인 대기운동을 장기간 관측하여 평균하여 결정한다. 위도대별 열수지의 차이로 발생하는 불균등한 에너지의 분포와 해양과 대륙의 비열 차이, 전향력(Coriolis' force) 등이 대기대순환의 중요한 원동력이다. 지상의 바람은 크게 무역풍대, 편서풍대, 극동풍대로 구분된다(그림 31). 무역풍(trade winds)은 적도와 아열대 고압대 사이에서 북반구에서는 북동쪽에서 불고 남반구에서는 남동쪽에서 불고 있다. 아열대 고압대에서 하강하는 공기의 일부는 낮은 고도에서 극 방향으로 움직이는데 이때 전향력을 받아 서향성분으로 불게 된다. 이것이 편서풍(prevailing westerlies)이다. 극전선에서 발생하는 극동풍(polar easterlies)은 남북 양극에서 찬 공기를 적도 쪽으로 움직이는 현상이다.

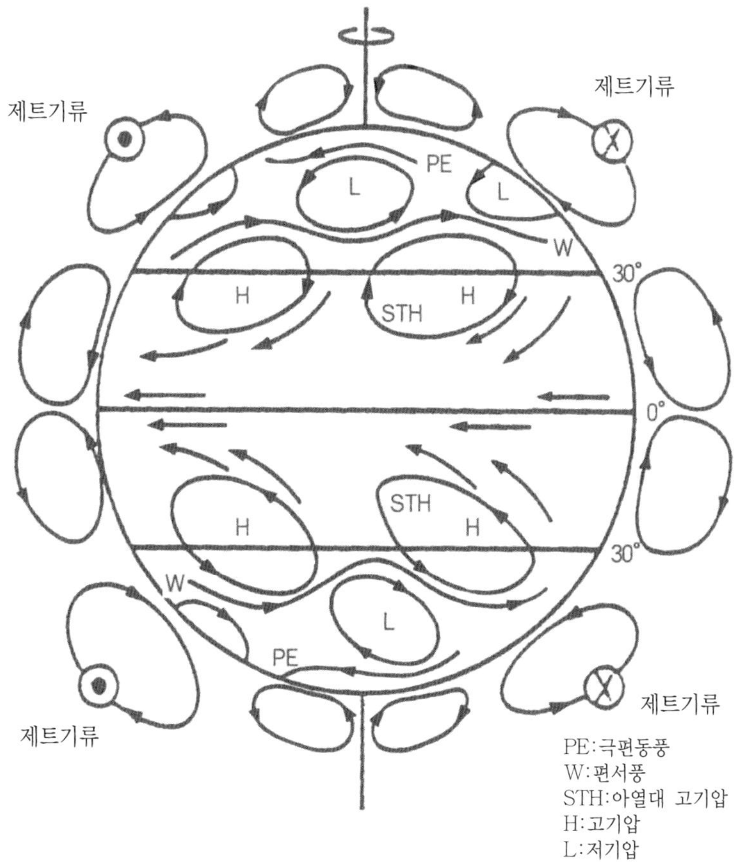

그림 31. 지구상의 풍계

중위도의 바람에 의하여 열대에서 발생해서 온대를 지나는 열대저기압(tropical depression)은 해양표면에서 대략 27℃ 온도로 시작하여 서쪽으로 이동하다가 북동으로 방향을 바꾼다. 풍속은 시속 120-200km으로 강한 바람이 되며 엄청난 물을 가지고 있다. 그림 32은 북아메리카의 허리케인(hurricane)[25]이다. 북대서양 카리브 해 멕시코 만에서 연중 8회 정도 발생한다.

---

25) 아시아에서는 태풍(typhoon), 인도에서는 사이클론(cyclone)이라 불린다.
  미국 마이애미에 있는 노아(NOAA) 소속의 허리케인센터에서 경보를 발령한다.

그림 32. 허리케인

위성에서 찍은 것으로 미국의 걸프해안에 진입하는 허리케인이다. 소용돌이 구름과 폭풍의 눈(eye)이 선명하다.

3) 기단, 전선 및 강수

공기의 덩어리를 기단(air mass)이라고 하는데 넓은 지역에서 수평적인 방향으로 물리적 성질이 동일한 대규모의 공기의 덩어리를 말한다. 기단이 형성되는 지역을 발원지역이라고 하며 온도와 수증기의 양의 분포가 비슷하고 안정적인 기단과 불안정적인 기단으로 구분된다. 기단은 기후현상을 이해하는 데도 매우 중요하다. 예를 들면 하나의 공기덩어리가 안정한가 불안정한가의 문제는 기온의 단열률과 대기의 기온감률 간의 관계에 의해 결정된다. 기온감률이 건조단열률보다 낮을 때는 공기가 안정하고 그 관계가 반대일 경우에는 공기가 불안정하여 상승하여 먹구름이 생기고 날씨가 나빠진다.

표 6. 위도에 따른 기단의 분류

기단형	기호	발원지역
북극기단	A	북극해와 그 주변의 육지
남극기단	AA	남극대륙
한대기단	P	남·북위 50°~60°의 대륙과 해양
열대기단	T	남·북위 25°~35°의 대륙과 해양
적도기단	B	적도지방의 해양

기단의 형성에는 공기덩어리가 대륙이나 해양 한곳에 장기간 정체되어야 한다. 고위도 지역과 저위도 지역에서 잘 발달하며(표 6) 중위도지방은 상층의 강한 편서풍계열 풍속대인 제트기류(jet stream)[26]가 있어서 기단이 생성되기에 어렵다. 제트기류는 남·북위 20°-30° 상층에서 공기의 밀도가 높아져 강한 바람으로 나타난다.

전선은 성질이 다른 두 기단이 만나서 그 사이에 뚜렷한 경계가 형성되는데 이 경계를 말한다. 전선을 따라서는 비가 내린다. 기단은 전선을 통해 날씨를 결정한다. 성질이 다른 두 기단이 만날 때 공기가 쉽게 섞이지 않아 그 사이에 뚜렷한 불연속면이 형성된다. 전선은 습하고 온난한 온난전선, 건조하고 기온이 낮은 한랭전선 그리고 양자가 균형을 유지하여 같은 장소에 머물고 있을 때는 정체전선이 된다. 또 같은 장소에서 온난전선과 한랭전선이 겹쳐 있을 때는 폐색전선이라고 한다(그림 33). 각 전선을 따라 형성되는 안개는 전선무(frontal fog)라고 한다. 전선에 의한 강우는 기온, 습도 등 기상요소를 달리하는 공기가 접촉하여 수렴 상승할 때 생기는 전선을 따라 내리는 강우이다.

---

26) 한대제트, 아열대제트로 구분한다.

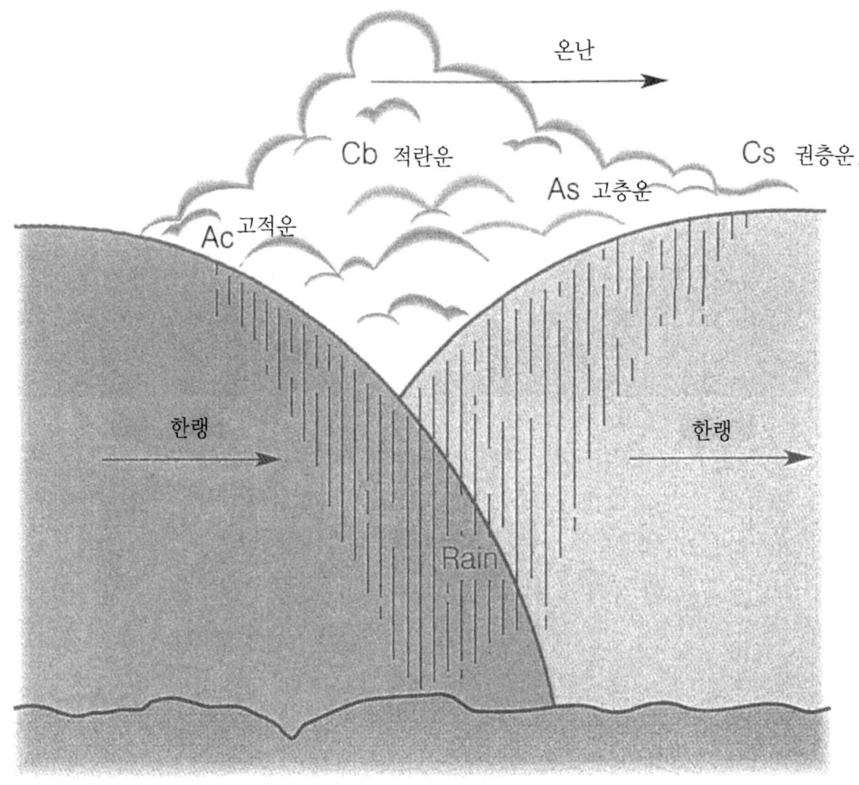

그림 33. 전선의 한 모습(폐색전선의 수직단면)

강수는 대기가 상승한 후 수증기가 응결하여 구름(cloud)을 형성하고 구름입자에서 비 또는 눈으로 낙하하는 것이다. 구름은 고도와 색, 형태, 기상현상에 따라 종류가 다양하다. 상층운(6,000m 이상), 중층운(2,000m 이상), 하층운(2,000m 이하)으로 구분하고 형태는 층상으로 발달하는 층운(stratus)과 수직의 적운(cumulus)이 있다(그림 34).

그림 34. 층운(가)과 적운(나)

층운은 횡적으로 발달하며 적운은 솜뭉치처럼 덩어리져서 뭉게구름이라고도 하며
소나기를 내리는 구름이다.

　강수는 중위도 지역의 찬 기단과 따뜻한 기단 사이의 상호작용으로 발생한다. 위도상의 넓은 부분에서 존재하는 한대전선(polar front)은 저위도의 따뜻한 기단으로부터 고위도의 찬 기단을 분리시키는 접선 역할을 하고 있다. 대기의 상승은 국지적 가열과 지형, 전선, 저기압 등에 의해서 일어난다. 전선과 저기압에 의한 강수의 양은 많고 가열이나 지형성 강수는 그 양이 적은 편이다.

3. 세계의 기후

1) 열대 기후

　열대기후(tropical climate)는 저위도대의 기후로서 열대다우기후와 열대사바나기후 그리고 열대건조기후로 세분된다. 열대다우기후는 연중기온이 높고 연변화[27]가 작아 사계절이 없고 비가 많이 내리는 지역으로 건조계절이 없다. 적도를 중심으로 남. 북위 5°-10° 사이에 분포한다. 전체적으로 연중 강수량이 2,000mm 이상으로 세계최다우지를 형성한다. 이것은 왕성한 상승기류를 발달시켜 매일 오후에 squall형 호우가 적란운에서 내리기에 알맞은 조건이다. 지상의 풍계는 해풍과 육풍 그리고 산골바람 외에는 큰 규모의 풍계는 발달하지 않는다.

　열대다우기후의 식생은 상록활엽수로 발달하는데 아마존 분지의 셀바(selva)는 특히 유명하다(그림 35). 분포지역은 남아메리카의 아마존지역과 아프리카의 콩고분지가 대표적이다. 동남아시아의 인도네시아, 말레이반도, 필리핀 등이 여기에 속한다.

---

27) 기온의 일교차는 8°-10°로서 연교차보다 훨씬 크다.

그림 35. 열대다우 기후의 식생

남아메리카의 아마존강 지류의 모습

무역풍대와 일치하는 사바나기후(savanna climate)는 열대다우기후의 기온과 차이가 없고 강수량이 적으며 1년을 주기로 우기와 건기가 뚜렷하다는 점이다. 남·북위 15°~20°에 걸쳐 있고 적도 저기압대와 아열대고기압대의 중간지대에 위치한다. 이 지역은 무역풍대에 속해 있다. 태양고도 변화에 따라 강수량이 달라진다. 태양고도가 높은 시기에는 비가 내리고 낮은 고도에는 고기압이 발달하여 건조해진다. 수목형태가 우산처럼 특유하고 건기에는 식물의 성장이 제약되어 초원이 대표적으로 전형적인 사바나경관을 나타낸다. 이러한 환경은 동물의 좋은 생활무대가 되어 초식동물의 왕국을 이룬다(그림 36). 사바나 지역의 토양은 적도 쪽으로 라테라이트[28]이라고 하는 적색토가 형성되며 분포지역은 오리노코 강 유역(Lianos), 브라질고원(Campo), 아프리카의 수단, 인도의 데칸고원, 오스트레일리아의 북부 열대초원지대가 여기에 속한다.

---

28) 철, 알루미늄의 수산화물의 교결성이 강한 토양으로 latosol이라고도 한다.

그림 36. 사바나 기후의 경관(동아프리카)

초원에 수목이 드문드문 있으며 다양한 동물들이 생존한다.

열대건조기후는 남·북위 20°~30°에서 자리하며 아열대고기압대[29]와 일치한다. 건조기후는 대륙의 서안에서 나타나며 대륙 동안에는 발견되지 않는다. 지구상에서 강수량이 제일 적으며 하강기류가 왕성하여 비가 내리지 않는다. 광대한 사막이 형성되고 열대기단의 출발지이다. 건조 지역은 하늘이 맑고 습도가 낮아 식생이 결핍된다. 일교차가 25°C에 달하고 기온이 40°C 이상으로 상승한다. 선인장류의 건생식물(xerophyte)이 있고 간헐적인 강수가 있다.

---

29) 키가 큰 고기압이라고 한다.

2) 온대기후

　중위도지방은 위도상 30°∼60° 사이에 위치한 지역인데 온대다우(습윤)기후와 지중해성기후, 서안해양성기후, 건조한기후 그리고 대륙성습윤기후 등이 있다(그림 37).

　중위도 지역의 대기순환 특성은 저위도와 달라서 고온의 성격인 아열대고기압과 한랭한 한대고기압의 영향을 받는 곳이다. 따라서 다양한 기후형태가 출현하며 대기 상층에 편서풍과 제트기류(jet stream)가 발달한다. 온대다우기후는 대륙의 동안에 나타나며 중위도대에서 가장 넓은 범위에서 분포한다. 4계절이 뚜렷하고 여름철은 해양성 기단의 영향을 받으며 고온 습윤하지만 겨울철은 한대성(대륙성) 기단이 내습하여 한랭하다. 강수량은 여름에 집중하는데 1000−1500mm로 풍부하며 농업이 활발한 지역이다.[30] 분포지역은 중국동남부를 비롯한 동부아시아, 미국 남동부, 오스트레일리아 동부 등이다. 인구밀도가 높고 쌀 생산지로 되어 있으며 태풍이 내습한다.

　지중해성기후는 여름에 건조하고 겨울에 강수량이 많다. 겨울이 온난하며 연중 햇빛이 있고 지중해 연안을 비롯하여 세계 도처에서 나타난다.[31] 기후의 특색은 여름이 서늘한데 이것은 한류가 바다에 면한 해안지방이라는 것이다. 이 기후지역의 내륙은 여름이 덥고 일교차가 큰 것이 특색이다. 일찍부터 관개농업이 발달했고 여름이 건조하여 우수한 품질의 과수농업이 성하여 각종 과실이 생산되었다.[32]

　서안해양성기후는 중위고 고압대에서 출현한 대기가 편서풍으로 되어 지표를 둘러싸며 대륙의 서쪽에서 그 발달이 현저하다.[33] 편서풍 지배하에 있는 기후지역은 해양의 영향을 받으므로 겨울에 위도에 비해 기온이 높고 여름은 서늘하여 기온의 연교차가 크다. 구름이 많고 일조량은 적지만 삼림이 무성하다. 침엽수림이 발달한 곳은 산성을 띠는 포드졸(podzol)이 분포한다. 강수량은 연중 고르게 분포하여 식생의 생육에 알맞다. 분포지역은 서유럽과 미국의 오리건 주가 있는 태평양 연안에서 알래

---

30) 온대몬순(monsoon)기후지역으로 알려져 있다.
31) 미국의 캘리포니아 지방, 칠레 중부, 남아프리카남단, 오스트레일리아 남부 등 5개 지역에서 발견된다.
32) 올리브, 포도, 감귤 등 수목농업이 이 기후지역의 특색이다.
33) 편서풍기후라고도 한다.

스카까지, 남아메리카의 칠레 남부 등이다.

온대건조기후는 건조한 중위도 사막지역으로 중앙아시아 중심인 대륙 내부의 고비사막과 Tarim 분지의 타클라마칸(Taklamakan) 사막, 아메리카 대륙의 Great Basin 지역 등 해안과 거리가 먼 곳인 동시에 높은 산지로 둘러싸인 분지의 지역으로 습기가 차단된 지역이다. 열대사막보다 기온이 낮으며 증발량이 적고 기온의 계절적 변동이 커서 연교차가 심하다. 사막에는 불모지가 대부분이지만 산지 주변의 오아시스와 외래하천에는 취락이 발달하여 관개농업을 행하고 통행로로 이용되었다.

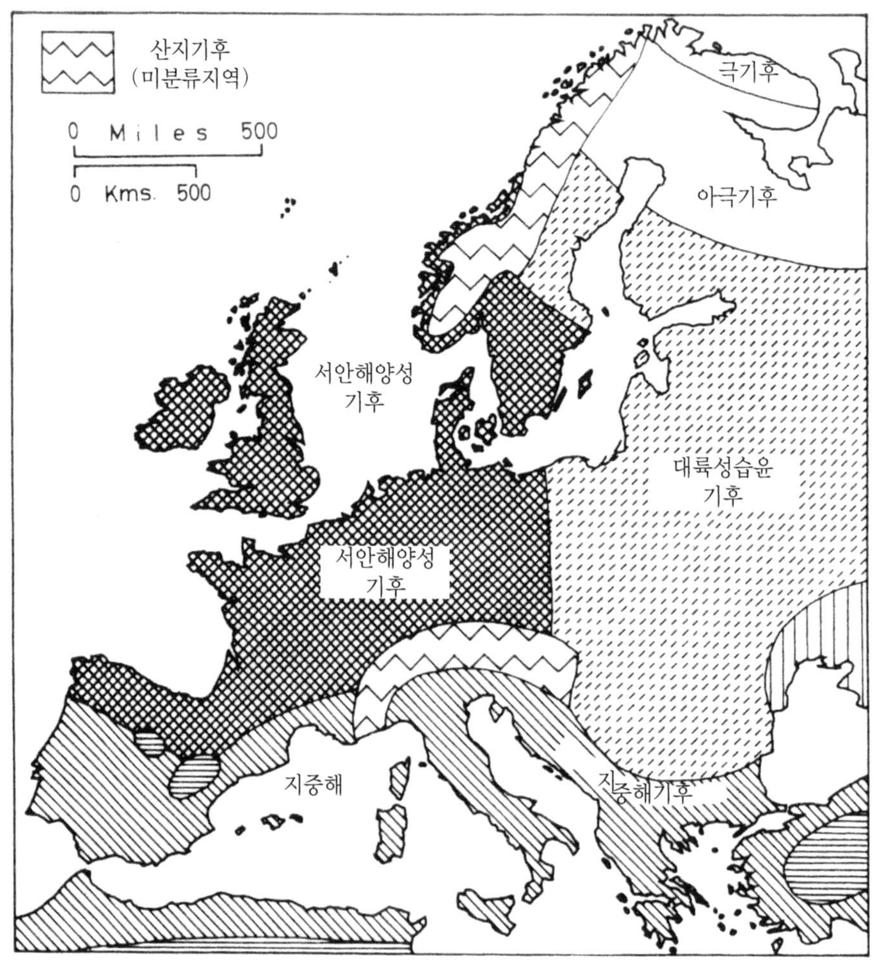

그림 37. 유럽의 온대기후

68

3) 냉대기후

온대의 북쪽에는 기간이 길고도 추운 겨울과 기온이 높고 짧은 여름을 특색으로 하는 냉대기후가 분포한다. 냉대기후는 아한대기후(sub-cold zone climate)라고도 하며 온대와 한대 사이에 해당하는 지대로서 아북극대라고도 한다. 가장 따뜻한 달의 평균기온은 10℃ 이상이고 가장 추운달의 평균기온은 -3℃ 이하이다.

겨울은 매우 춥고 강설량은 많지 않으나 적설기간이 길다. 냉대습윤기후는 겨울철에 눈이 많으며 봄가을은 짧다. 강수량은 500-1000mm로 지역적으로 다양하다. 북동 아시아는 여름에 강수 집중률이 매우 높다.

분포지역은 우리나라의 대부분, 만주의 남부, 중국의 화북과 북아메리카의 중동부지역에서 오대호 주변,[34] 유럽에는 남동부지역이다. 혼합림 식생이 덮고 있으며 보다 고위도(60° N)에는 낙엽활엽수림과 침엽수가 많아 갈색삼림토 내지 회갈색 포드졸 토양이 특색이 된다. 이곳은 아극 대륙성기후로 보고 있으며 식생의 특색상 타이가기후(taiga climate)라고도 한다.[35] 낙엽이 두꺼운 토양은 부식이 풍부해진다.

4) 한대기후

북반구 침엽수림대 북쪽에서 나타나는 이 기후는 툰드라기후(tundra climate)라고 한다.[36] 양극을 중심으로 겨울이 길고 여름이 짧으며 최난월 평균기온이 10℃ 이하로 농업이 불가능하다. 지면은 연중 지하까지 동결되어 영구동토층(permafrost)을 형성하는데 동결된 땅은 지면에서 4m 이상이며 짧은 여름철의 지표면이 녹아 지의류, 이끼류 등이 성장하여 스펀지 같은 소택지의 경관을 보인다. 그린란드(Greenland) 주변과 북극해가 이에 속하며 캐나다의 경우 북극해에 산재하는 모든 섬들과 허드슨

---

34) 이 지역은 옥수수지대(corn belt)로서 캔자스, 네브래스카 주에서 대서양 연안까지 연장된다.
35) 타이가의 뜻은 러시아어로 침엽수림이 발달한 기후라는 뜻이다. 북방의 처녀림의 뜻도 있음. 전나무, 소나무, 가문비나무 등으로 밀림을 이룬다.
36) 러시아어로 불모지(不毛地), 습지란 뜻이다.

그림 38. 구조토의 모습

크기가 다른 돌들이 분리되어 그물모양의 지형을 만들고 있다.

만 서쪽과 동쪽이 여기에 해당된다. 인간생활에 불리하여 인구가 희박하며 이러한 자연환경을 이용하는 에스키모(Eskimo)들이 이동을 되풀이하는 수렵생활을 영위하고 있다. 최근에는 항공과 군사기지, 석유자원의 개발로 주목받고 있다. 극지방의 기후에는 토양이 겨울에 완전히 동결하고 제일 윗부분만이 일부 녹으며 여기에는 물에 잠기고 분해 속도가 대단히 느려서 유기물질이 표면에 집적된다. 경사진 지표에서는 토양층이 이동하여 진흙의 사면이동이 발생하여 솔리플럭션(solifluction)[37]이 활발하다. 얼음의 작용으로 쪼개진 암석 때문에 모가 뾰족한 물질이 많이 생산되고 이것이 융해와 결빙이 반복되면서 분급작용을 일으켜 표면에 특이한 원형의 돔(dome)과 다각형을 형성하는데 이것이 구조토(patterned ground)[38]로 알려져 있고 지름이 10m 정도에 달한다(그림 38).

---

37) 매스무브먼트의 한 형태로 겨울기간 얼었던 토양이 봄철에 녹을 때 표토층이 덩어리를 이루면서 사면을 이동하는 현상이다.

38) 구조토는 주빙하기후 지형(periglacial climate)의 지표로 간주된다.

지형의 생성과 유형

지형(地形, landforms)은 지표의 기복상태를 말하며 이러한 기복(起伏, relief)은 지각외부에서 작용하는 외인적 작용과 지각 내부에서 작용하는 내인적 작용으로 현재의 지형이 생긴 형태이다. 여기에서 지구내부 에너지에 의한 지각운동과 화산활동같이 지표기복을 증가시키는 내인적 작용은 직접 파악하기 어려운 점이 많지만 태양과 중력의 지배를 받는 외인적 작용에 따르는 지형환경은 쉽게 관찰할 수 있다. 외인적 작용은 태양의 복사에너지를 그 원천으로 하는 각종 힘(지형형성, 기구)으로 지표에 유수, 바람, 빙하, 파랑[39] 등을 생기게 하여 기복을 단순화시킨다. 지표환경은 짧은 기간 중에는 변하지 않는 것같이 보이지만 오랜 지질시대를 거치면서 계속 변해 왔고 현재도 변하고 있다.

지형형성의 기구들을 통하여 지각의 물질은 변질되고 깨어지면서 운반되고 퇴적된다. 유수(running water)는 지형기구이고 하천침식은 지형작용(process)이며 삼각주는 하나의 지형(landform)이다. 이것을 도표화하면 다음과 같다(표 7).

---

39) 지표의 물질을 침식, 운반, 퇴적하는 매개체로 지형적 지구(geomorphic agent)라고 한다.

표 7. 지형형성 기구와 지형작용

지형형성 기구	지형작용
물, 대기가스, 무기 및 유기산, 서리와 얼음	물리 및 화학적 풍화
중력	사면의 이동
지표유수	하천침식과 퇴적
빙하	빙하작용
바람	풍식과 풍퇴적
파랑, 해류, 조석	파식과 퇴적
지하수	지하수침식과 퇴적
기타 인간과 동식물 및 운석 쯔나미, 화산분출, 지진 등	

1. 암석의 풍화작용

암석의 풍화와 그 결과물인 토양과 풍화산물의 이동 그리고 침식과 퇴적 등의 외인적 과정을 겪으면서 지형은 생성되며 기후변화, 지각운동에 따른 환경의 변동에 의하여 많은 변천이 있어 왔다. 지형발달(development of landforms)은 이러한 지형의 역사적인 과정을 뜻하고 있다. Ollier(1969)[40]에 의하면 '풍화작용(風化作用, weathering)은 지표 가까이에 있는 물질의 분해와 변질이며 새롭게 부과된 물리·화학적 조건에 의해 생성물질을 만드는 과정이다'라고 하였으며 또한 '암석이 생성되는 과정의 역(逆)으로서 지구표면의 고체상태의 암석이 물·공기·태양열의 작용에 의하여 변화되는 과정으로 고체의 표면적이 증대함과 동시에 불안정한 상태에서 안정된 상태로 진행 중인 것'으로 해석하였다.

고체상태의 암석의 풍화작용과 사면이동은 지형을 형성하는 첫 단계로서 암석이 대기, 물, 생물, 온도의 변화 등 모든 작용에 의하여 제자리에서 분해 되면서 파괴되고 변질되는 현상이고 사면이동(mass movement)은 풍화된 암석이나 쇄설물질이 중

---

40) Ollier, C. D. 1969. *Weathering*, Longman, London.

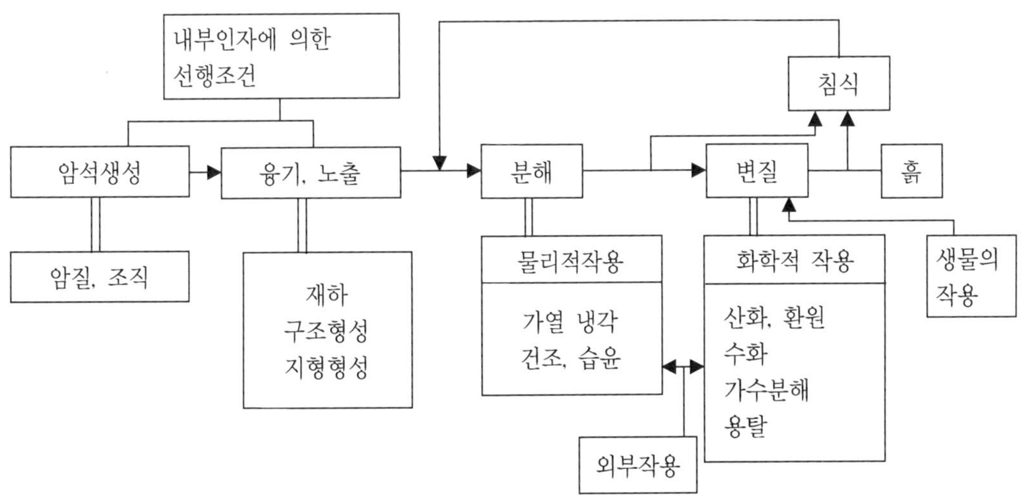

그림 39. 암석의 풍화작용

기본적인 지형형성 작용의 하나이다.

력에 의하여 사면의 아래쪽으로 이동하는 운동 전반에 대한 종합적인 용어이다. 다시 말하면 암석의 성인에 관계되는 지질구조, 광물의 조성 등 혹은 외적환경인 온도, 습도에 의존한다. 화학적 풍화는 부식, 용해과정에 해당하는 것이다. 그리고 반드시 시간 의존성이므로 암석의 풍화에 대해 시간의 척도를 도입할 필요가 있다. 그림 39는 여러 요인의 상호관련성을 나타낸다.

1) 물리적 풍화

암석의 풍화작용 중 물리적 풍화는 암석조직에 가해지는 물리적, 기계적으로 파괴되는(rock breaking) 현상이다(그림 40). 이것은 암석이 압력이 높은 지하에서 지표면에 노출됨으로 생기는 압력개방, 즉 눌렸던 하중(load)에서 차별적 팽창 현상이며 암석의 틈이나 절리(joint)[41]에 얼음이나 염류가 쌓여 결정화됨으로 파괴되는 현상이다. 입상으로 떨어져 나오는 현상과 암괴의 분리는 노출된 기반암상태로 산릉성이나 산비탈에서 흔히 관찰되는데 이러한 노암(露岩)을 토르(tor)라고 한다. 일종의 차별적인 물리풍화가 진행된 결과이다.

---

41) 암석 중에 발견되는 특유의 갈라진 틈서리인데 마그마가 굳어질 때 수축으로 생성된다. 풍화를 받을 때 제일 먼저 변화를 받는다.

입상붕괴(입자가 분리)

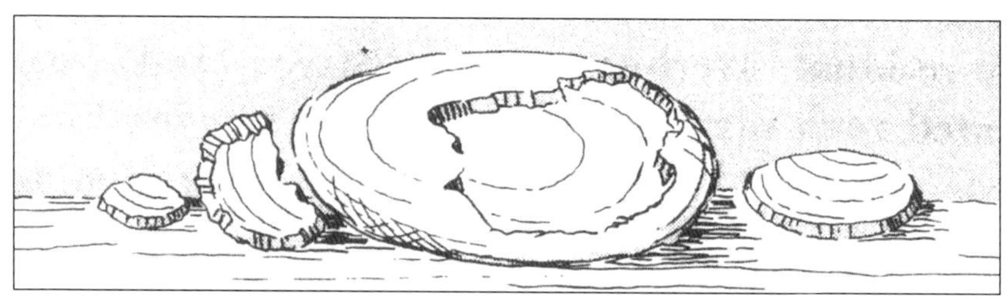

박리작용(양파껍질처럼 벗겨진다)

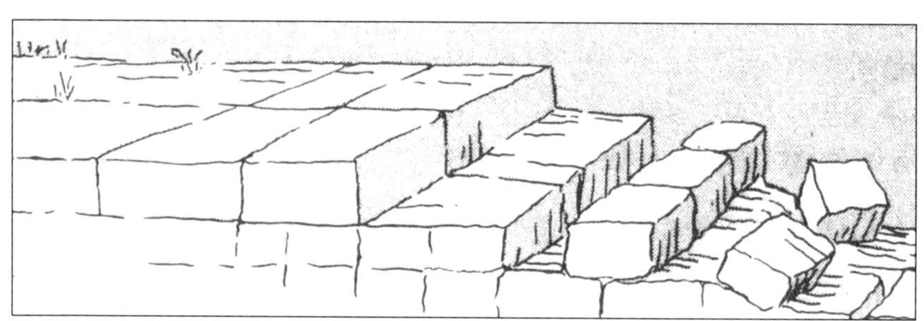

암괴분리(절리면을 따라 떨어진다)

파쇄(망치로 파괴하는 형태이다)

그림 40. 암석의 물리적 풍화작용

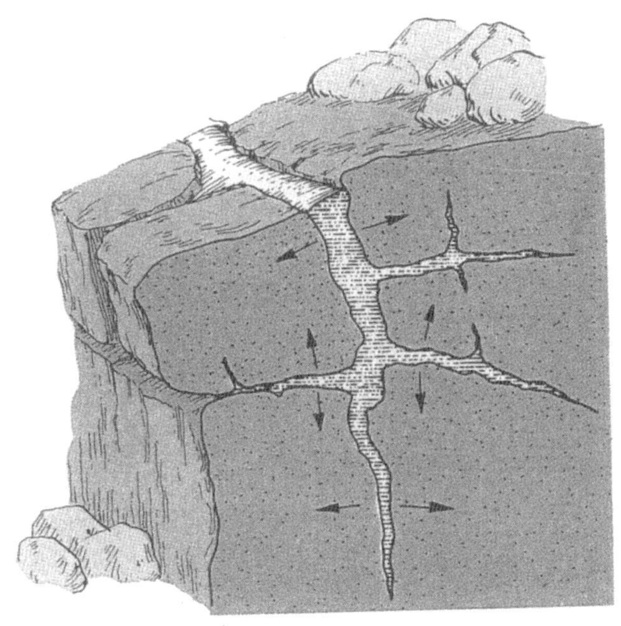

그림 41. 얼음의 쐐기작용

암석의 틈에 들어간 수분이 결빙할 때에 빙정으로 변하고 동시에 부피가 9% 늘어나 틈을 더욱 벌린다.

하중의 제거로 판상의 절리가 기반암석에서 분리되는 박리(exfoliation)도 물리적 풍화이다. 동결작용(frost action)은 암석의 틈에 들어간 수분이 반복적으로 얼었다 녹았다 함에 따라 쐐기작용을 활발히 진행하여 암괴가 파괴된다(그림 41). 물이 얼면 빙정(ice crystal)이 형성되는 동시에 부피가 늘어나서 암석 틈의 양쪽 벽에 압력이 가해진다. 일종의 쐐기작용이다. 고위도지방과 고산지방에서 활발하다. 이때는 모서리가 뾰족한 암괴를 생산하여 지표를 넓게 덮고 기온이 영하로 내려가는 고산지대나 빙기 때 대규모로 형성되었다. 물에 녹아 있는 물질은 물이 마르면 결정으로 변하는데 암석이나 광물 사이에 이러한 결정이 얼음과 유사하게 압력을 발생하여 암석을 쪼갠다.

수직의 암벽에는 깨어진 암설(debris)들이나 분리된 부스러기들이 쌓여 테일러스, 즉 애추(talus)를 형성한다. 애추는 단애 밑에서 새로운 기저사면(basal slope)을 만드는데 그 형태는 매우 단순하다(그림 42). 기저사면의 경사는 25° 정도이며 이들 결과는 암석의 종류에 따라 다르고 기후조건에 따라 강한 영향을 받는다. 고위도 한랭지역과 한국의 산지에서 많이 발견된다.

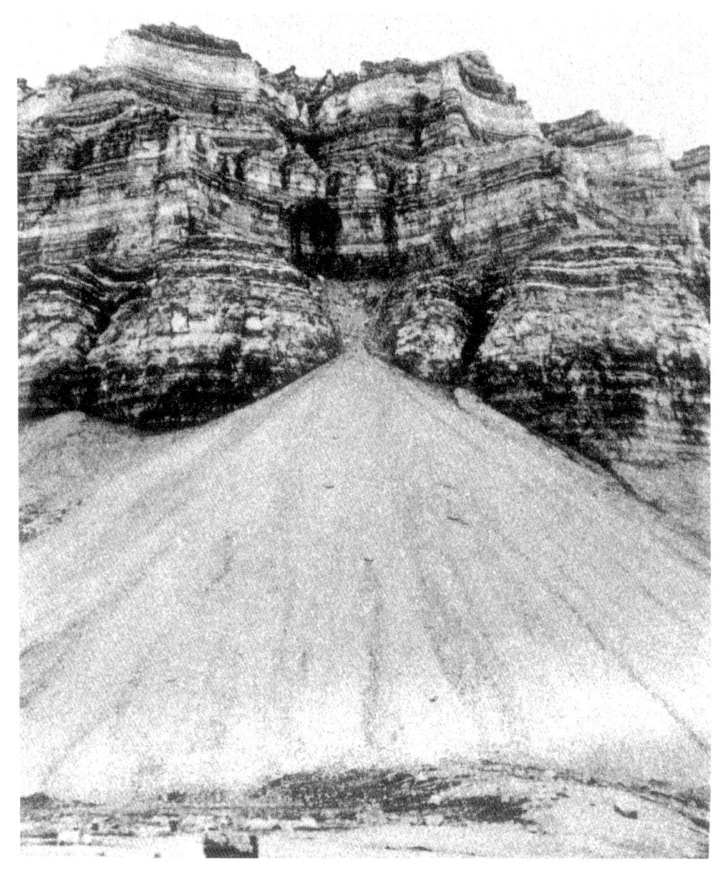

그림 42. 애추(talus)

단단한 암석사면이 발달하는 곳이면 어디나 존재한다. 분리된 암편들이 집적한 퇴적지형이다.

2) 화학적 풍화

　화학적 풍화작용은 암석을 구성하는 각종 광물, 즉 조암광물(rock – forming minerals)에 화학적 변화가 일어나는 것이다. 광물의 변화가 일어나면 원래의 성질을 잃어버리고 물렁해진다. 따라서 암석 자체가 약해지고 변질된다. 여기에는 수분과 온도가 중요하다. 화학반응은 수분과 온도에 따라 활발해지기도 하며 느리게 진행된다. 특히 산화반응(oxidation)은 물질이 대기와 수분 중의 산소와 화합하는 현상으로 철과 망간은 이산화물로 남게 되어 붉은색 수산화물질이 된다. 수분은 여러 가지

물질을 녹이기도 하며 암석을 수화(hydration)하거나 가수분해(hydrolysis)시킨다. 가수분해는 열대기후 환경에서 현저하며 정장석 광물을 고령토라는 2차광물로[42] 변질시키는 데 결정적인 역할을 한다. 식생의 부식화는 토양내에 존재하는 토양수의 산도(pH)를 조절하여 이미 존재하던 암석을 쉽게 분해한다. 화학적 풍화를 받은 암석은 썩은 형태로 발견되는데 이것을 지방에서는 '석비레'라고 부르며 새프롤라이트(saprolite)[43]라고 한다. 화강암(granite)의 경우 조암광물 각각의 풍화변질은 K^+를 포함하고 있는 정장석(正長石)은 풍화를 받아 백운모(白雲母) 또는 세리사이트(sericite), 일라이트(illite)로 된다. 동시에 규산과 K^+ 이온이 유리된다. 이 과정은 Goldich(1938)의 방정식이 인용된다.

$$3KAlSi_3O_8 + 2H^+ + 12H_2O \rightarrow KAl_3Si_3O_{10}(OH)_2 + 6H_4SiO_4 + 2K^+$$
$$(정장석)$$

백운모는 계속 풍화되어 카올리나이트(kaolinite)가 형성된다. 흑운모는 일반적으로 광택이 좋으나 풍화를 받으면 화학변질을 받아 색깔이 담갈색을 띠고 판의 바깥쪽은 노란색으로 변화한다. 흑운모에서 철분이 철수산화물로 침전되어 판의 결합력이 약해져서 갈라지게 된다.

풍화층의 두께는 1-2m 정도이나 열대지방에서는 거의 수십 미터까지 발달한다. 그 이유는 암석의 화학적 변질은 습윤하고 고온조건에서 효과적이기 때문이다. 풍화층(regolith)은 깊이에 따라 특색이 다르다. 지표부근은 광물질과 유기물질이 혼합되어 토양을 형성하고 그 밑에는 변질된 기반암이 변질되지 않은 기반과 경계된다.[44] 경계면은 뚜렷하거나 불분명하게 관찰되며 암석의 기본 구조는 유지하고 있다(그림 43).

요약하면 지형형성에 출발은 풍화작용으로 이는 암석의 붕괴이며 그 결과는 풍화층과 다양한 형태의 암괴형상이다. 암석붕괴는 암석의 절리(joint), 구조적으로 취약한 모암(parent rock) 그리고 층면(bedding plane) 등이고 풍화에 대한 기후의 역할은 물(강수)과 온도이다.

---

42) 주로 점토(clay)로 구성된다.
43) 화학적 심층풍화(深層風化, deep weathering)라고도 한다.
44) 변질되지 않은 부분은 풍화전선(weathering front)이며, 핵석(corestone)을 포함하고 있다.

그림 43. 화강암의 화학적 심층풍화

풍화층 내의 암석 절리에 따라 차별적 변질로 둥글게 형성된 핵석이 관찰된다. 흰색의 줄무늬는 석영맥으로 풍화되지 않았다.

2. 사면과 지형

  지표면은 거의 사면(斜面, slopes)으로 이루어져 있는데 사면에서 풍화작용에 의하여 생산된 토양이나 풍화물질이 사면 아래로 이동한다. 이러한 이동의 빠르기와 성격은 이동물질의 상태, 지형, 기후와 식물 피복 상태에 따라 무척 다양하다.

  사면은 모든 지형에서 가장 기초적인 특성이며 그 형태는 지표의 자연경관을 구성한다. 지표의 사면은 변화의 비율이 대단히 느리고 장기간에 걸쳐 형성된다. 암석의 풍화와 기후조건 및 식생이 사면형성의 기본특성들이다. 사면은 암석의 저항이 큰 곳에서 발달하며 여러 모양을 가지며 각각의 특색이 있다. 사면은 일 년에 1mm 내외로 후퇴(retreat)하기에 실제 측정치보다는 추정하는 정도로 연구되고 있다. 사면지형은 매스무브먼트에 의해서 완만해지거나 경사진 면으로 되는데 위치에 따라 사면의 상부로부터 볼록한 사면(convex), 자유면(free face), 직선사면(constant) 그리고 오목한(concave) 사면 등 4가지요소로 구성된다(그림 44). 산록부의 단면은 凹형이 많으며 습윤온대지역의 산지사면에서 보편적으로 관찰된다. 그 이유는 유수의 작용으로 침식되기 때문이다. 건조지역의 페디멘트(pediment) 지형은 경사가 완만한 凹형사면이다. 이에 대해 산정부분은 凸형 사면으로 산록부의 凹형과 결합되는 경우가 많다. 그 사이에 직선사면이 연결되기도 한다. 각각의 사면지형은 발달진행 과정이 다르다고 볼 수 있다. 한대지방의 사면은 주빙하작용이라고 하여 물리적풍화와 솔리플럭션의 영향을 장기간 받아서 사면의 凹 凸형이 사라져 완만하게 되어(사면경사 1°~5°) 평탄화 되는데 크리오페디멘트(cryopediment)라고 한다. 이러한 사면은 제4기 주빙하환경에서 비롯되었다.

  자연적인 사면의 기하학적인 기술은 가파른 부분을 중심으로 정하고 있지만 측정한 단면은 간단한 수학적 수식으로 기술할 수 없는 불규칙한 표면이다. 그러나 지표환경으로 사면은 많은 요인들이 복합적으로 작용함으로써 형성되었다는 점을 간과할 수 없다.

그림 44. 사면단면(slope profile)의 4요소

그림 45. 사면에서 토양과 풍화층의 이동(매스무브먼트)

나무 밑 부분이 기울어져 있고 펜스, 묘석, 전봇대도 불안하다. 전면에 보이는 기반암의 수직의 상부도 굽어져 있다. 습윤 기후지역에서 잘 관찰된다.

그림 46. 솔리플럭션 퇴적층(화석상태의 모습)

아래의 기반암(화강암)이 풍화되어 있고 그 위에 쪼개진 암편들이 모래를 기질로 하여 층서 없이
쌓여 있음을 볼 수 있다. 퇴적층 두께는 2m 내외이다.

중력의 지배를 받는 사면이동현상은 여러 요인이 작용하며 다양한 형태의 모습을
보인다(그림 45). 매스무브먼트라고 하는 사면이동 현상과 결과는 지형환경 변화에
크게 영향하며 사면의 발달과 유지에 중요하다. 여기에는 유수, 바람 등 운반매개체
의 개입 없이 풍화물이 제거됨으로 지표 평형작용을 적극적으로 돕고 있다.

산사태(landslide)로 대표되는 매스무브먼트는 심각한 자연재해로 인명과 자산의
피해가 대단히 크다. 사면이동에는 토양층에서 토양입자와 암편들이 움직이는 토양이
동(soil creep)과 같이 느리고 관찰이 곤란한 것도 있으나 암석낙하(rock fall), 슬럼
프(slump), 토석류(earth flow), 이류(mudflow)같이 빠른 이동도 있다.

한대지방의 영구동토층에서는 토석류의 한 형태인 솔리플럭션(solifliction)작용이
활발하여 미약한 경사에도 불구하고 각력과 점토, 암괴들을 뒤섞인 모습으로 사면을
두껍게 층을 이루는 것도 있다(그림 46).

3. 주요 지표의 유형

인간생활의 무대가 되는 지표 지형환경은 형태적으로나 성인적으로 분류가 가능하다. 여기에서 다루고자 하는 것은 자연과학적인 방법보다는 인간환경과 밀접한 관계를 맺고 있는 자연요소로서 의미가 있기 때문에 지형학 관점보다는 인간생활 공간으로서 그 특성을 살펴보고자 한다.

평지 또는 평야(plain)는 주로 완만한 경사와 작은 기복량을 가진 지형이다. 산지(mountain land)는 가파른 사면의 면적이 정상부에 비하여 두드러지게 넓고 기복량이 크다. 화산, 습곡산지 등이 대표적이고 고도가 500m 이상이면 산지의 범위에 있다. 언덕이 많은 구릉지(hilland)는 사면경사가 존재하나 산지보다는 기복량이 감소한다. 한편 부분적으로 고도가 높고 큰 평지가 있는데 이곳은 대조적인 두 경관을 함께 가지고 있다. 하나는 완만한 경사가 있고 평지 위에 산지와 같이 큰 기복을 가진 지형이 발달한다. 이러한 지형을 대지(plateau) 또는 탁상지(tableland)라고 하는데 구릉지와 산을 가지고 있는 평지(plains with hills and mountains)라고 한다. 그림 47은 이상의 4개의 지형경관을 나타낸 것이다. 그 밖에 지형환경으로는 육지와 바다가 만나는 해안지형이 있다. 해안지형 환경은 해안선과 접한 지역으로 변화가 많으며 조석(tide)과 파랑(wave)이 주도적으로 역할을 하고 있다.

1) 평 야

평야는 낮은 경사의 사면이 대부분을 차지하는 지역으로 기복량이 최소가 되는 곳이다. 주요 평야는 하천을 끼고 그 하류지역에 분포한다. 범람이 잦아서 충적지로 되어 있으며 논으로 많이 이용되고 언덕으로 이루어진 주변의 구릉과는 뚜렷이 구별된다. 이러한 평야는 자연제방과 배후습지가 형성되어 있다. 대략 1만 년 전 이내에 산지나 구릉지가 붕괴·침식·저평화된 곳으로 유수에 의해 토사가 운반 퇴적된 지형이다. 평야는 그 모습이 거의 일직선에 가까우며 산록지대(piedmont)의 경우는 기복

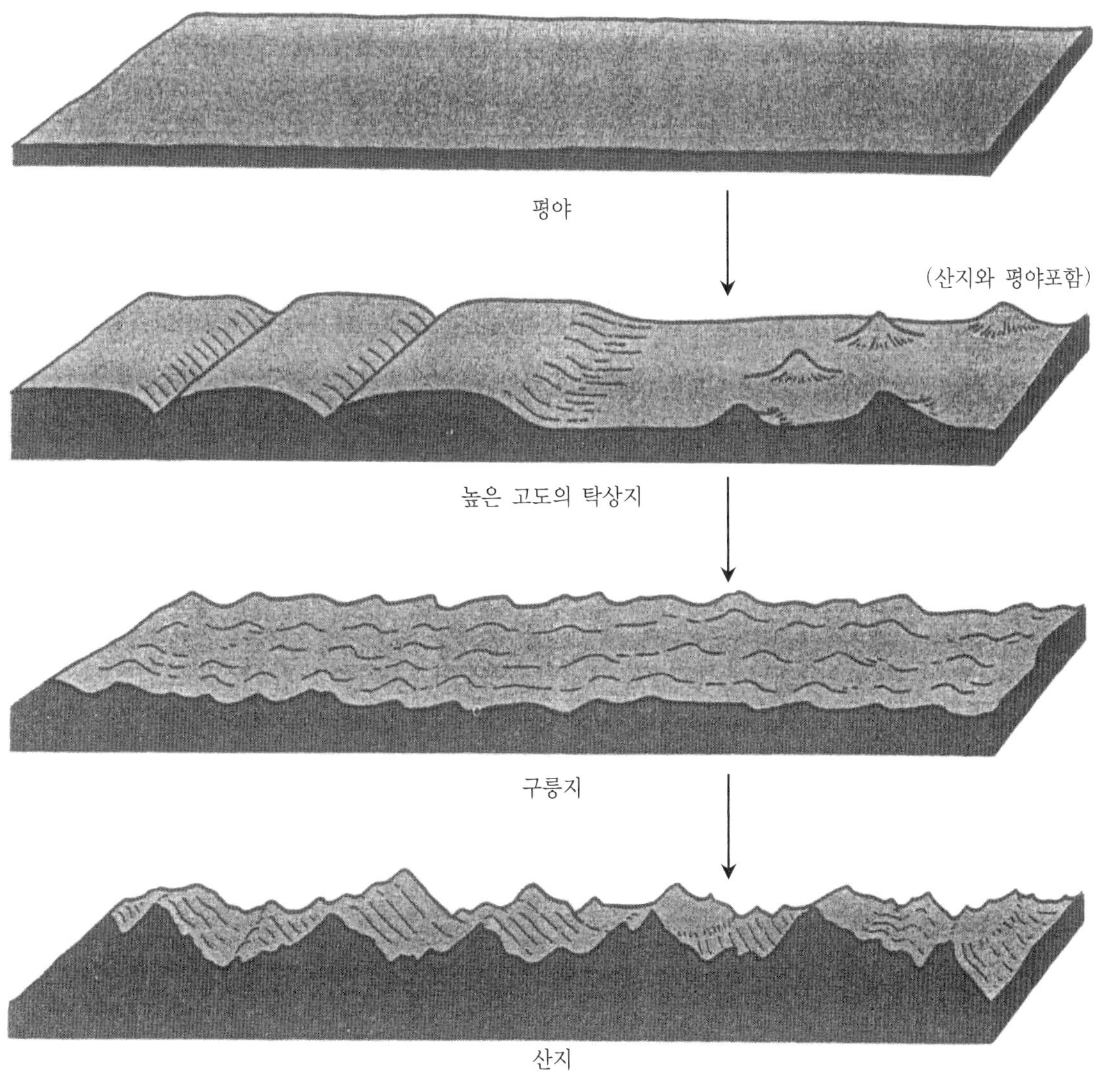

그림 47. 4개의 주요 지표지형의 단면

량이 다소 있지만 구릉지대의 급사면은 존재하지 않는다(그림 48). 해안평야(coastal plain)는 대륙연변의 해안선을 따라서 형성되고 내륙평야(interior plain)는 해양과 떨어진 대륙의 내부에서 형성되었으며 호소평야(lacustrine plain)는 과거의 호소 바닥이었던 극히 평평한 장소에서 나타난다.

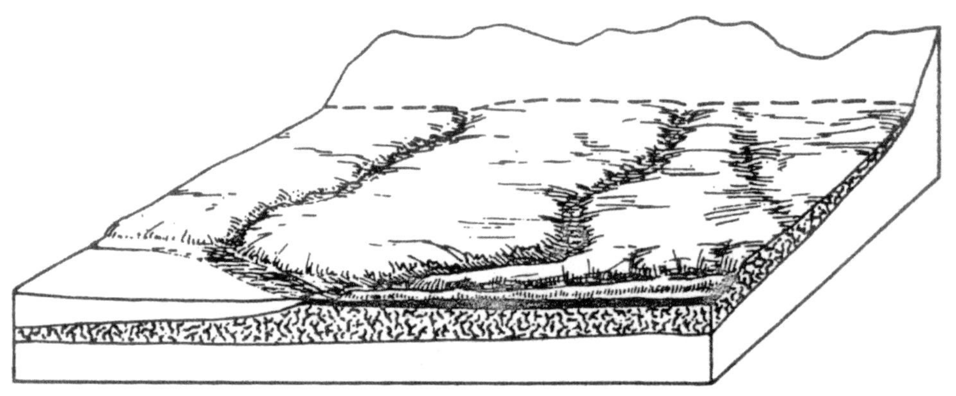

그림 48. 평야의 모식도

평야의 구성물질 또한 세계적으로 다양하여 비옥한 토양에서부터 얼음이나 암석, 모래로 덮인 경우도 많다. 일부평야는 침식과정에서도 만들어지는데 습윤열대와 온대 지방에서는 장기간에 걸친 풍화작용과 침식으로 구릉지대의 거친 풍화층이 낮아지고 산지조차 완만한 기복을 가진 평야로 변한다.[45] 빙성지역도 빙하에 의해 대지를 침식하고 빙하 이전에 있었던 평야나 산지를 변형시켜 빙하성평야(glaciated plain)로 만든다. 충적평야, 범람원, 삼각주지형은 순수하게 하천에 의해 형성된 평야이며 인간 생활에 근본적인 터전이기도 하다. 이에 대해 지질시대에 퇴적된 수평지층(고생대층, 중생대층)이 수평을 유지하여 오랫동안 침식을 받아 낮은 고도로 광대한 평탄지로 형성된 유형도 있다. 기후의 입장에서 열대습윤평야, 열대건조평야, 고위도 평야로 구분이 가능하다.

---

45) 아프리카, 오스트레일리아 및 아메리카대륙에서는 페디플레인(pediplain) 또는 페니플레인(peneplain)으로 알려져 있다.

2) 구릉지

구릉지(hill)는 산릉이 침식, 삭박되거나 산기슭의 말단이 후퇴함에 따라 산지의 면적이 축소되어 기복이 낮아진 산지이다. 결국에는 몇 개의 구릉군으로 분리되어 있는 상태로 관찰된다. 다수의 구릉들은 봉고동일(峯高同一, summit concordance)을 보이는 파랑상인 지표면으로 형성된다(그림 49). 한 장소에서 낮은 산지와 다른 지역에 있는 높은 구릉지는 고도, 기복도, 경사에 있어서 유사점이 많다. 전반적으로 보자면 구릉지는 산지보다 평탄성이 크고 정상부가 넓다. 그리고 사면의 길이가 짧고 기울기도 작다. 평야에 비해서는 지표면이 고르지 못하고 사면이 차지하는 부분이 많고 가파르다. 구릉지는 국지적인 기복이 더 크다고 볼 수 있다. 구릉의 기원은 습곡이나 화산활동에서 직접 이루어지는 지형은 아니며 일정한 고지가 풍화와 침식을 받아 평지화되는 과정에서 남아 있는 지형이다. 침식성 구릉지는 지질구조, 구성물질, 침식력의 강도 그리고 지속된 침식기간에 따라 다르다.

산지 또한 구릉지의 형성에 여러 가지 연관이 있다. 중앙 유럽고원(central European highlands)과 같은 구릉지는 한때 거칠고 가파른 산지였으나 장기간 지속된 풍화작용과 침식으로 산지가 저평화되고 경사가 작아졌다. 이러한 구릉지들은 침식되다가 남은 잔류구릉(erosional remnants)들이다. 한국의 태백산맥 고원의 일대, 대관령과 소백산맥 말단의 구릉지들도 이러한 유형으로 간주되며 산지말단에 나타나는 돌출부(spur)의 후퇴와 호남평야에서 보이는 소규모 잔류구릉들이 이에 해당한다. 구릉지는 침식과 풍화작용으로 형성된 만큼 하천에 의한 하식구릉, 빙하에 의한 빙식구릉으로 구분할 수 있다.

구릉지는 최후단계에서 넓은 곡상평탄지로 분리되며 계속 저하되어 파랑상의 지표면 지형으로 변화된다.

(가)

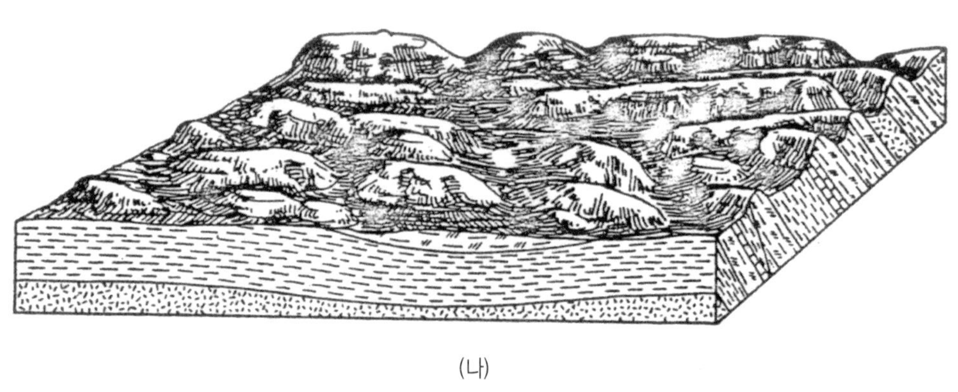

(나)

그림 49. 파랑상의 모습(가)와 구릉지의 모식도(나)

산지보다 평탄성이 크고 정상부가 넓다.

그림 50. 산지지형의 모식도

침식에 의한 산릉선이 첨예하다.

3) 산 지

산지는 어느 정도 이상의 해발고도를 갖고 있으며 경사가 급하고 대부분 삼림과 초원으로 피복되어 있어서 지형적 특색이 현저하다. 여기에는 취락이 형성되기 어려운데 평지와 토양층이 빈약하고 농경지도 협소할 뿐 아니라 기후적 조건도 불리하다. 이와 반대로 열대지역의 경우는 산지고도가 높아질수록 기후조건이 좋아지므로 산지성 국가에서는 고산도시가 발달한다. 산지는 복합적 환경으로 구성되고 공간적으로 기후특색이 다르고 토양, 지형, 수문환경의 다양성이 시·공간적으로 발생하는 지역이다.

산(山)은 주변보다 높게 솟은 모습에 사면(slope)이 상대적으로 급하고 정상 부위는 좁은 모습의 지형이다. 이러한 산은 고립상태로서 보다 대체로 집단적으로 분포하여 배열된 산지가 된다. 이러한 산지의 모습은 산지 생성 배경, 즉 성인적 특성과 관련된다. 한국의 경우는 완만한 융기로 특징 지워지는 조산운동[46]으로 되었다.

---

46) 한반도는 안정된 땅으로 넓은 범위에 걸친 완만한 융기로 특징되어 비슷한 고도의 산들이다. 설악산, 대관령, 두타산, 태백산들은 비슷한 고도의 산들이 정선, 제천, 원주까지 분포한다.

그림 51. 에스카프먼트(escarpment)
완만한 석회암지층에서 발달한 소규모의 경사사면이다.

일반적으로 2,000m 이상의 큰 기복을 갖는 산지를 고산(high mountain)이라 하며 알프스, 히말라야, 로키, 코카시스 및 안데스 산지 등이 이에 속하고 이들 산지는 대체로 빙하작용을 받아 산릉선이 예리하고 깊은 골짜기로 되어 있다(그림 50). 그러나 1,000m 내외의 중간산지(middle mountain)라 하여 도이칠란트의 서부산지, 한국의 북부지방, 중국의 산지가 여기에 속한다. 그 다음으로 500m 정도의 산지는 우리나라 중부지방과 서해안, 중국의 산동반도, 요동반도 등지에서 관찰된다. 이와 같이 산지의 기복의 크기에 따라 산지와 구릉지로 구분되지만 이것은 처음부터 생성된 고도의 차에 기안하는 것은 아니고 산지의 발달과정에서 나타난 결과이다. 즉 지각이 대기와 접촉하면서 외인적 작용을 받고 내적 작용에 의한 고도가 시간의 경과에 따라 산지와 구릉지로 변화해 간 결과이다. 지각변동과 화산활동이 결합하여 이루는 산지는 대규모이고 하천침식의 하식산지는 기반암반의 특징에 따라 V자형의 협곡산지와 분수계에 의한 산지가 특색 있게 나타난다. 기울어진 경암층에 형성되는 산릉선은 비대칭적인 단면을 보여준다. 습곡지층의 경암층은 경사가 급한 에스카프먼트

(escarpment)가 형성되고 경사가 40°~50° 이상인 경우는 호그백(hogback)이라고 하는 산릉선이 발달한다(그림 51).

4) 고원대지

탁상지(卓狀地) 또는 대지(plateau))라고 불리며 근본적으로 절대고도를 가진 평야 고원이며 깊고 좁은 골짜기에 의해서 침식된 형태이다(그림 52). 산 자체가 주변의 평야에서 고립되지 않고 정상부분이 넓은 면적을 점유할 때 산이라고 하지 않는다. 통상적으로 대지가 끝나는 가장자리는 인접한 저지대와 급애(急崖, cliff)로 만난다. 우리나라 북부지방의 개마고원과 중부지방의 용암고원을 들 수 있다. 대지는 산지로 둘러싸인 높은 고도의 평야로서 하천에 의해 개석(dissection)되는 일이 없으며 외륜산지의 외곽사면이 다른 평야와 구분해 주는 급애의 사면이다. 미국의 콜로라도 고원은 대표적인 탁상지로서 암석의 경연(硬軟)의 지층이 거의 수평으로 호층(互層)을 이루고 있는 곳에서 깎이기 시작하면 단단한 층은 수직면으로 급경사화하고 연한 층은 완경사하여 전체적으로 계단상으로 나타내어 곡벽 사면화한다. 이곳은 반건조 기후지역으로 식생피복이 적어서 대지의 지형을 현저하게 나타내어 웅대한 경관을 보인다. Africa의 북부와 남부, 브라질의 내륙대지 그리고 오스트레일리아의 서부지역은 대륙대지(continental plateau)라고 불리며 산록대지(piedmont plateau)는 평야와 산지 사이 또는 산지와 바다 사이의 지역으로 Argentina의 남부 파타고니아, 중국의 윈난고지, 인도의 데칸고원 등을 들 수 있고 미국의 콜로라도와 컬럼비아고원은 산간분지의 성격을 띠는 산간대지(intermontane plateau)이다. 아라비아 반도의 고원과 이란 고원도 이에 속하며 건조대지로 분류된다. 건조대지의 지형적 특징은 유년기 상태를 띠고 있는 골짜기를 들 수 있다.

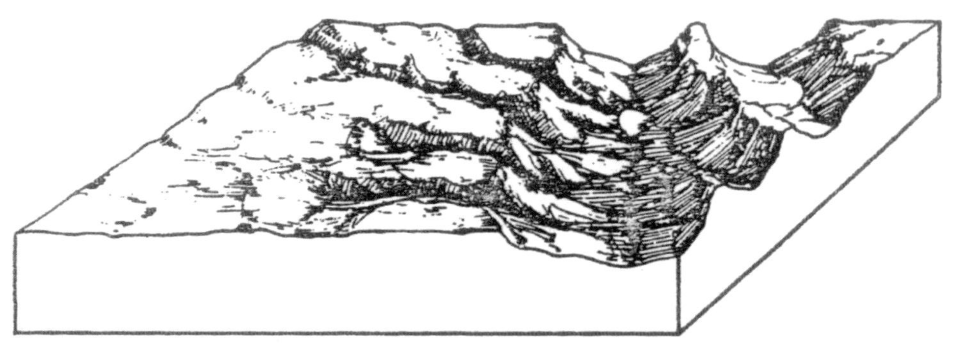

그림 52. 고원대지의 모식도

　　대부분의 고원대지는 지표면이 서서히 융기한 결과이며 상승이전의 지형은 소기복의 파상면으로 지각은 복잡한 구조를 갖게 된다. 융기가 진행되는 도중에 지각은 안정되어 있는 것으로 보고 기후변화도 없는 것으로 본다. 용암으로 덮인 고원은 방대한 양의 용암류에 의해 기존의 지형은 사라지고 수백 미터의 두께로 집적된다. 화산성 고원은 굳어진 용암류 위에 재차 용암류가 덮이면서 높아지는 과정에 의한 것이다. 산간고원의 경우에 봄철에 쌓인 눈과 얼음이 녹을 때 막대한 물을 획득할 수 있어서 대규모 농업과 가축 사육이 가능하다(그림 53). 열대고원 지역은 온대습윤 지역으로 분류되지만 수개월의 건기가 있어서 경작에 한계가 있고 그 대신 가축을 기를 수 있다.

그림 53. 산간고원의 모습

중국 신강의 파밀산지 고원으로 산양, 말, 낙타 등의 가축을 위하여 초지목장으로 되어 있다.
키르기즈(Kirghiz) 유목민이 거주한다. 가축을 가두는 구조물이 보인다.

4. 해안지형

해안(coast)이란 육지와 바다가 만나면서 서로 영향을 주고받는 좁고 긴 지대를 가리키며 해안선에 인접한 육지뿐 아니라 바다도 이에 포함된다. 해안선(shoreline)은 바다와 육지가 만나는 선이다. 바닷가의 백사장은 해수욕장으로 이용되고 간석지는 수산양식장이나 농경지로 간척지로 만든다. 이러한 점을 통하여 인간생활은 해안지형과 직·간접으로 관련을 맺고 있다는 것을 알 수 있다.

해안은 평야와 마찬가지로 침식지형인 암석해안과 퇴적지형인 모래해안으로 구분된다. 그림 54은 파식대(platform)[47]와 그 위에 노치(notch)[48]가 발달된 전형적인

---

47) 파식대는 해식절벽 아래 나타나는 평평한 기반암석의 침식면을 가리킨다.

그림 54. 해안 침식지형

파식대 위에 노치가 관찰된다.

해안침식 지형이다. 이것은 산지나 구릉지가 바다로 돌출하여 밀려오는 큰 파랑을 잘 받아들이는 해안환경에서 관찰된다.

이와 같이 바닷가의 절벽과 그 밑에 형성되는 수평에 가까운 파식대는 기반암석이 노출되어 있어서 암석해안을 형성한다.

산지가 해안에 임박한 곳은 산사면이 그대로 바다에 연결되어 헤드랜드(headland) 또는 해식애(sea cliff)로 해저에 접한다. 기반암석이 바다로 돌출하여 강한 파도의 굴절(wave refraction)이 발생한다(9장의 해수운동 참조). 해양의 이러한 곳은 절경을 이루

---

48) 노치는 해식절벽아래 파도에 깎여 움푹하게 들어간 부위이지만 용식과 풍화작용 및 생물적인 작용으로도 형성된다. 해식면 후퇴를 돕고 있다.

어 한국의 동해안과 제주도에는 관광지로 알려져 있다. 이에 대하여 해안에 깊숙이 위치한 만입지나 평탄지에는 모래와 자갈이 쌓여서 올려진 모래해안이 발달하고 육지와는 분리되어 있으나 해안선과 평행하게 발달하는 연안사주(barrier island)와 모래언덕인 비치리즈(beach ridge)는 대표적인 해안환경이다. 여기에는 바람에 의한 모래공급이 많아 해안사구(sand dune)들이 다수 발달하는데 이것은 해안선이 바다 쪽으로 전진했음을 의미하고 사구식생이 정착한다. 오래된 해안사구에는 취락(어촌)이 들어서기도 한다. 연안사주와 같이 해안에 나타나는 보편적인 지형은 사취(sand spit)와 만구연안주(baymouth barrier)가 있다. 사취는 해수에 의하여 형성된 퇴적지형으로 물결이나 연안류에 의해 모래불질이 얕은 해안을 따라 운반되다가 육지에서 한족 끝이 바다쪽으로 해저에서 쌓여져서 수면위로 드러난 형태이다. 만구연안주는 연안류에 의해 사취가 길게 성장하여 해안의 만입을 가로 막아 형성된 사주인데 배후에 석호가 형성된다. 이러한 지형현상은 얕은 해저에서 물결이 연안 쪽으로 모래를 운반하는데 따라 만들어지는 것이다. 해안지형은 해식작용으로 인하여 형성되는 것으로 조직(structure), 형성작용(process) 및 시간(time)이란 조건의 지배를 받고 있다. 조직은 해안암질의 조건이며 작용은 변화의 원인이 되는 풍화작용과 침식 그리고 모든 작용이 행하여지는 기간을 말한다.

저습한 하천의 하구에는 삼각주지형이 해저로 이어지고 있어 점토와 실트물질이 퇴적되어 평탄한 간석지(tidal mud-flat), 즉 갯벌이 만들어진다. 간석지 주변과 소하천이 흘러드는 곳은 석호(lagoon)가 많이 발견된다.

모래해안에는 반농반어(半農半漁)형태의 인간생활이 이루어지고 암석해안은 전형적인 수산업이 행해지고 있다.

지표유수환경

1. 지표유수의 시작

지표상의 물은 중력에 의하여 높은 곳에서 낮은 곳으로 흘러간다. 지표유수 또는 지표유출(surface run-off, surface water)은 비가 지표면에 내리면 물의 일부는 증발하고 나머지 빗물이 사면을 따라 흐르는 계류(溪流)가 있고 평지하천을 통해 흘러나가는 유출과정이 있다. 지표유출은 비가 지표면 밑으로 침투하지 않으며 잉여분의 강수는 표면류. 즉 지표유출로 흘러서 부근의 하천으로 유입하여 하천의 유량으로 공급되는 유출방식이다.

비가 내리는 동안 증발. 차단. 침투. 지면의 저류(貯留)가 이루어진다. 동시에 지표유출은 기후적 인자와 유역의 특성. 지형적 인자의 영향을 받는다. 빗방울 충격이 가해지면 토양입자들 사이의 틈이 메워져서 토양의 투수율이 낮아지게 되고 지표유출이 증대한다. 식생은 투수율을 높이며 초지는 빗방울 충격을 가로 막고 지표유출의 에너지를 흡수하여 토양침식을 낮춘다. 반대로 식생이 빈약한 건조지역의 경우 산사면이나 방목지에 호우가 내릴 때 다량의 토사가 유실된다. 초지나 나뭇잎은 빗방울의

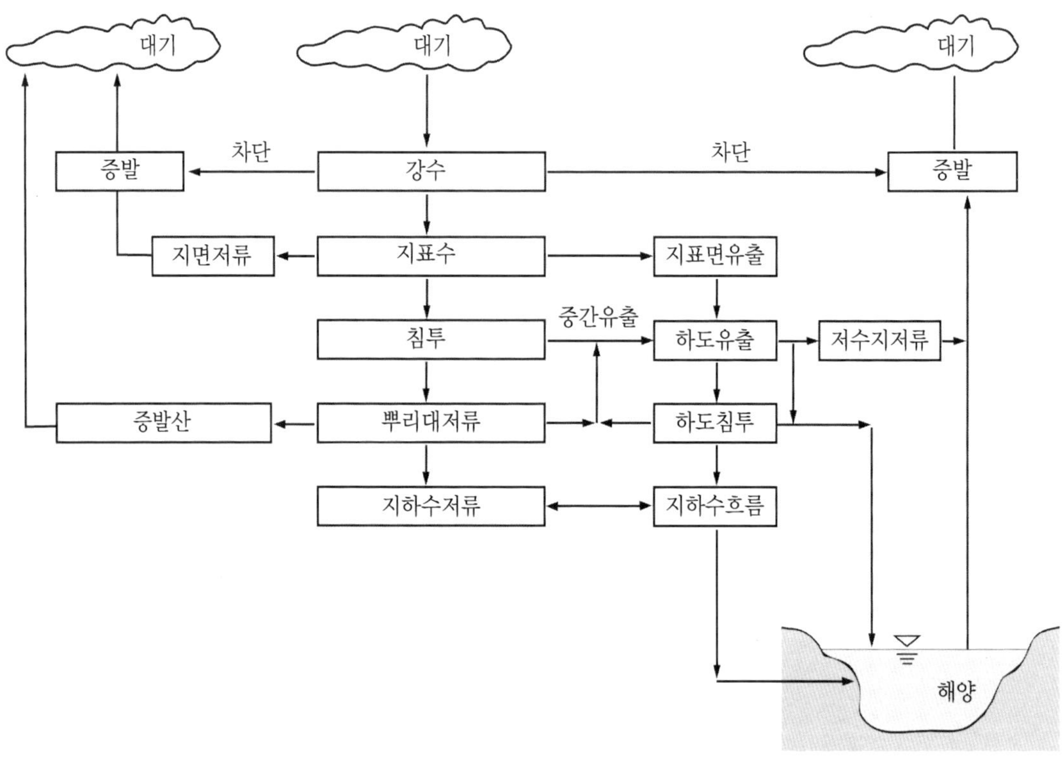

그림 55. 유출성분도

충격을 완화하게 해 준다. 토양의 구성물질에 따라 지표유출방식도 다르다. 사질토양은 투수율이 높고 점토질은 투수율이 극히 떨어진다.

지표유출은 토양 속으로 침투하여 하천에 이르기까지 횡적으로 흐르는 강우부분으로 중간유출(interflow) 과정을 포함한다. 유출성분은 그림 55와 같다.

2. 지표유출의 과정

지표유출은 지표면을 흘러서 유역의 유출구(outlet)에 나타나는 유출부분으로 강수를 포함한다. 수로에 도달하기까지 지표면 위를 흐르는 지표유출은 지표류(overlandflow)라 한다. 이것과 구별하기 위해 일정한 하폭을 가지고 흐르는 유출은 하천류(streamflow)라 하며 이 모두를 총유출(total flow)이라 한다. 지하수의 경우는 표토층을 통하여 침투한 물이 심층대수층(aqifer)에 이르러 지하수를 형성하고 하천으로 유출된다. 수권에서도 언급하였지만 자연계에서 물은 순환한다. 물순환은 한 지역의 물환경, 즉 물의 시·공간적 분포 특성을 이해하는 데 필수적이며 물수지(water balance)를 연구할 때 기초적 개념이 된다. 물수지는 일정지역에서 일정기간 동안의 물의 유입, 유출의 균형상태이다. 즉 물순환 과정에서 다른 지역으로부터 하천과 지하수 유입이 없다고 가정할 때 강수량은 그 지역에 있어서 물수입이고 지출분은 하천수나 지하수 형태로 타 지역으로 유출되는 성분과 증발산된 수증기 성분의 합으로 구성된다. 이들 물의 수입과 지출 간의 관계는 지구의 장소와 시기에 따라 다양하게 변화한다.[49]

지표수가 넓은 사면을 따라 흘러가는 얇은 층을 포상류(sheet flow)라고 한다. 포상류가 지면 곳곳에 물줄기를 형성하면서 유로를 파게 되면 릴류(rill flow)가 되고 이것이 모이면 상당히 깊은 골짜기가 되는데 이것을 우곡(gully)이라 한다. 우곡은 비가 올 때만 물이 흐르고 평상시는 물이 없다(그림 56). 지표유수에 의하여 풍화물질과 토양이 씻겨 토양침식(soil erosion)을 일으킨다. 특히 식생이 결여된 나지(裸地)는 토양침식에 극도로 심하게 된다. 한번의 집중호우로 $1km^2$당 수십 톤의 토양이 유실될 수 있다. 토양의 수분 침투율은 지표면의 지형 변화에 크게 기여한다.

육지표면에 거의 일정한 물길을 따라 계속적으로 흐르는 물을 하천(river)이라 하며 하천과 지표면을 흐르는 모든 물을 합쳐 지표유수라고 한다. 하천작용은 지표유수 역할의 핵심이 되는 과정이다.

지하수의 유출은 강우가 지표면 아래로 침투하여 지하 깊은 곳으로 통과하여 그 속에 대수층을 형성하면서 근처의 하천으로 유출하여 하천의 수량으로 공급되는 유출방식이다.

---

49) 우리나라의 물수지 계산은 수자원 담당부서인 건설교통부이고 그에 의한 자료를 보면 우리나라 연평균 강수량은 약 1,270mm로서 이를 총수자원량으로 환산하면 약 1,267억 톤이 된다. 이 중에서 하천유출량이 전체의 55%(697억 톤), 증발산량이 45%(570억 톤)을 차지하고 있다.

그림 56. 우곡(gully)

비가 내릴 때만 물이 흐르고 곡이 비교적 깊다.

3. 하천 유수

일반적으로 하천은 지표면의 물이 지면 경사에 따라 흐르는 과정에서 다양한 지형을 형성한다. 호소와 같이 정지한 물이라면 하수는 지면을 침식 운반하는 유수(running water)라 칭하며 지표면 침식의 대표적인 것이다. 하천을 포함 유수는 하곡을 형성하는데 이것이 가장 특징적인 모습이다.

하천은 그 본류와 지류를 합하여 하계(drainage system)를 이루고 지류를 통하여 흐르는 물이 유수(stream)이며 규모 면에서 하천보다는 작은 개념이다.

하천은 유역을 가지고 있으며 유역은 하천에 유입되는 빗물의 전 지역으로 집수구역(catchment area)이다. 유역은 인접한 하천의 유역과 경계를 이루는 지형적인 분수계(divide)로 둘러싸여 있다(그림 57).

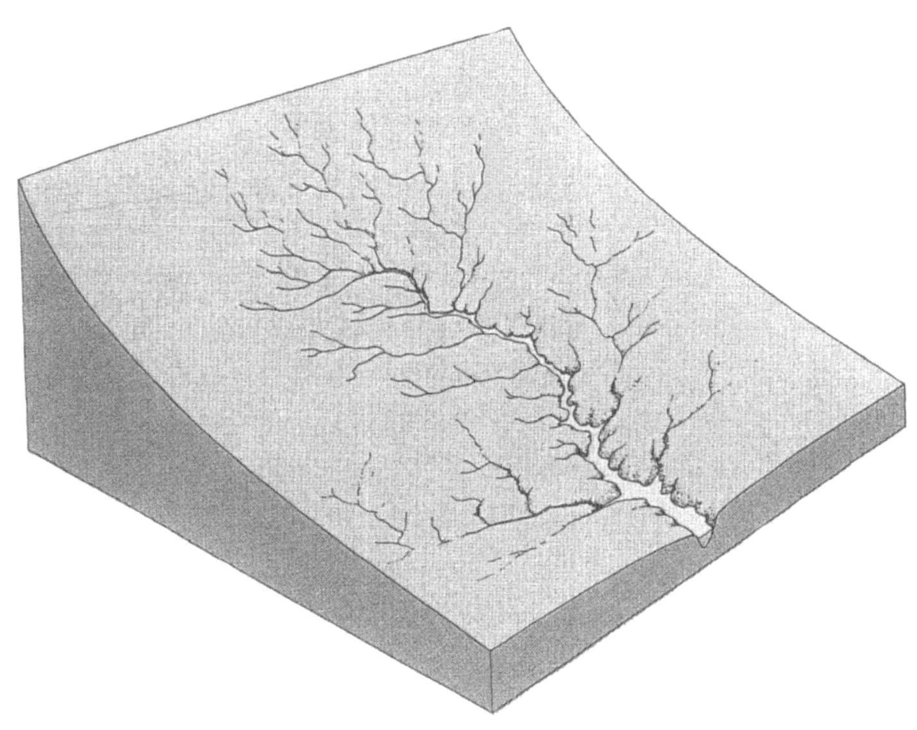

그림 57. 하계망의 모식도

하류 쪽은 경사가 감소하지만 하천규모는 커진다.

하천은 수위가 높아지면서 유속이 빠르게 진행하며 침식과 운반 및 퇴적작용을 활발히 수행한다. 유출량이 많고 유속이 커지면 물은 소용돌이치며 난류(turbulent)를 일으키고 마식(abrasion)의 형태로 하상의 기반암을 깎는다. 그 결과로 하상에는 수직방향으로 작용하는 하방침식이 있다. 기반암의 강바닥은 포트홀(pothole)이라는 특이한 구멍을 형성시키며 하곡을 형성시키는 하방침식을, 하곡을 넓히면서 주변에 범람원을 형성시키는 측방침식 그리고 우곡에서 관찰되는 두부침식의 3가지 형태로 침식을 진행한다. 측방침식 단계에서는 하상구배가 완만해지며 곡류현상이 현저해진다. 흐르는 하천의 바닥을 하상(river bed)이라 하며 하상은 하곡 지면의 일부를 구성하고 하수가 흐르면서 침식, 운반, 퇴적작용으로 지형경관을 변화시킨다.

유속이 빠르고 유량이 많으면 침식력은 커진다. 그리고 수심이 깊을수록 커지고 운반물질이 적을수록 커진다. 기반암석 구조에 따라 침식력이 달라진다. 약한 암석과 지층이면 침식력이 강하게 작용하고 구조선의 발달이나 절리밀도에 따라 침식력의 강도

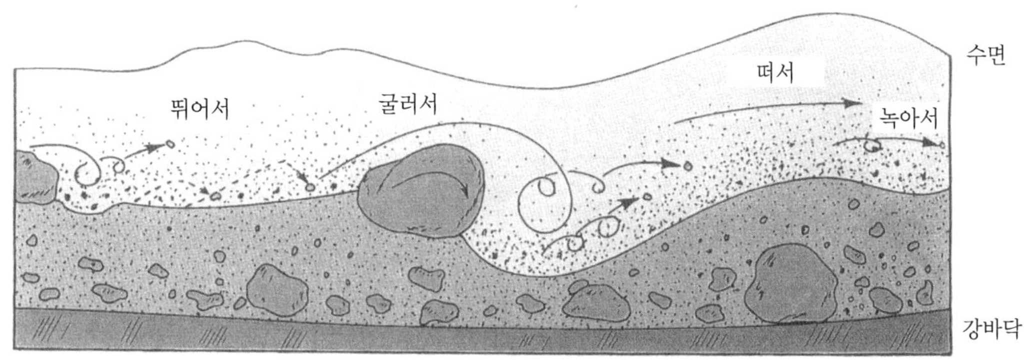

그림 58. 유수에서 운반되는 형태

큰 입자는 홍수 때 운반된다.

가 다르다. 하계조직에 있어서 중요한 사항은 결국 유량(discharge), 유속(velocity), 하상경사도(gradient), 기준면(base level) 및 운반물(load)의 종합체계이며 흐름에 관련되는 이러한 여러 인자들의 평형(equilibrium)을 달성하는 데 있다.

하천의 운반형태는 하천이 운반하는 물질의 종류에 따라 다른데 점토나 실트같이 물에 떠서 운반하는 것(뜬짐)과 무거워서 강바닥을 미끄러지거나 끌려가는 형태(밑짐), 중간 중간 길게 뛰면서 이동하는 형태 그리고 육안으로 관찰되지 않지만 녹아서 운반되는 물질이 있는데(녹은짐) 무시되기 쉽지만 운반물질의 총량으로 보면 중요한 부분으로 간주된다(그림 58). 유속이 빠르고 수량이 증가할수록 큰 자갈도 움직이며 느리면 모래나 실트 등 작은 입자는 멈출 수 있다. 그림 59는 입자별 (운반물질의 크기)따라 침식, 운반, 퇴적 사이에 관련성을 보인다. 즉 유속과 입자의 크기가 침식, 운반, 퇴적작용에 미치는 영향을 나타낸 것이다. 제일 위쪽의 선은 정지상태의 입자를 움직이는 데 필요한 유속이고 아래의 선은 계속 운반시키는 데 필요한 유속을 보여준다.

100

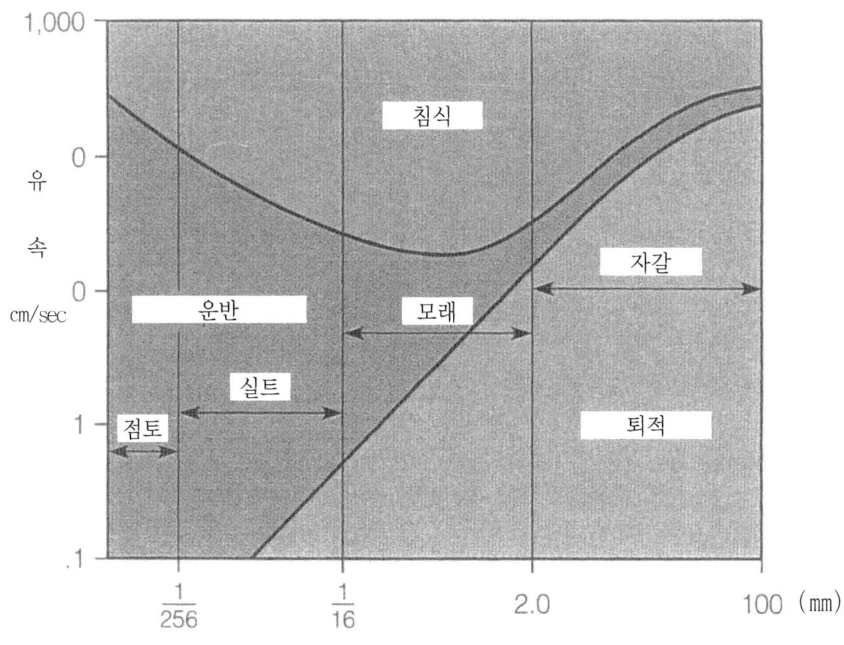

그림 59. 유수에 의해 퇴적, 침식, 운반 관련성

침식, 운반 및 퇴적에 요구되는 유속이다. 입자 크기에 따라 다르다.
최대 침식과 운반현상은 홍수 때이다.

대부분의 하천은 굴곡이 있는 곡선상으로 흐르는 모습을 보여 주며 곡률도[50] 1.5 이상은 모두 곡류천(曲流川), 즉 사행천(meander)으로 분류한다. 평야에서 관찰되는 곡류하천은 하상구배가 완만하여 강폭이 넓다. 여기에는 흐르는 물의 원심력이 작용하여 굴곡유로의 만곡된 부분의 바깥쪽을 집중적으로 침식하여 공격면을 이루어 강폭이 확대된다. 공격면의 반대쪽은 운반물질이 퇴적되어 포인트 바(point bar)가 형성된다.

---

50) 일정하천의 길이와 하곡 간의 비율을 말한다.

4. 하천에 의한 지형

1) 침식윤회

유수는 주로 습윤한 환경에서 발생하여 하천을 형성하는데 하천은 곧 지표면을 침식한다. 지형발달 이론으로 고전적인 연구는 W. M. Davis(1985)에 의해 주장되었다.[51) 해저에서 쌓인 수평지층이 급속히 융기하여 안정된 고원형태의 대지로 되면 하천침식을 받아 낮아지게 되어 결국에는 해면고도에 가까운 평야로 변한다. 유수(하천)의 침식작용은 높은 지면을 깎아서 낮은 수준으로 도달하는 일련의 지형단계를 거친다는 것이다.[52) 이것을 그는 침식윤회(cycle of fluvial erosion)이라 명명하였다. 습윤지역의 침식윤회 과정에는 원래의 대지가 넓게 남아 있는 유년기(young stage)와 산지가 복잡하게 형성되는 장년기(mature stage) 그리고 지표기복이 거의 사라지고 잔구형태로 남는[53) 노년기(old stage)로 진화한다고 보고 있다. 특히 장년기는 다시 분류하여 기복상태가 최대이고 하곡이 깊으며 산릉선이 첨예한 조장년기(early mature stage)와 장년기의 후기인 만장년기(late mature stage)로 구분하였다. 만장년기는 하곡이 얕고 산릉선이 둥글어지며 산사면은 풍화층으로 덮이는 단계이다(그림 60).

침식윤회 또는 지형윤회는 순탄하게 진행되지는 않다. 즉 유년기 지형에서 노년기 지형으로 도달하는 경우는 드물다. 윤회도중에 갑작스런 변동이나 회산폭발 또는 침식기준면의 변동, 빙하의 내습 등은 전연 새로운 시기에 놓이게 된다. 침식윤회는 지형진화의 모델의 개념이며 다양한 지형을 그 변화의 순서에 따라 계통화 할 수 있다는 것이다.

---

51) 그는 진화방향을 구조(structure)와 형성작용(procrsses) 및 단계(stage)로 주장하였다.
52) 이 주장은 많은 비판이 있으며 기후에 따라 달라진다.
53) 잔구(殘丘, monadnock)는 노년기 말에 단단한 암체만 남아 고립봉으로 솟아 있는 형태이다. Davis는 잔구를 포함한 침식 평탄면을 준평원(peneplain)이라 하였다.

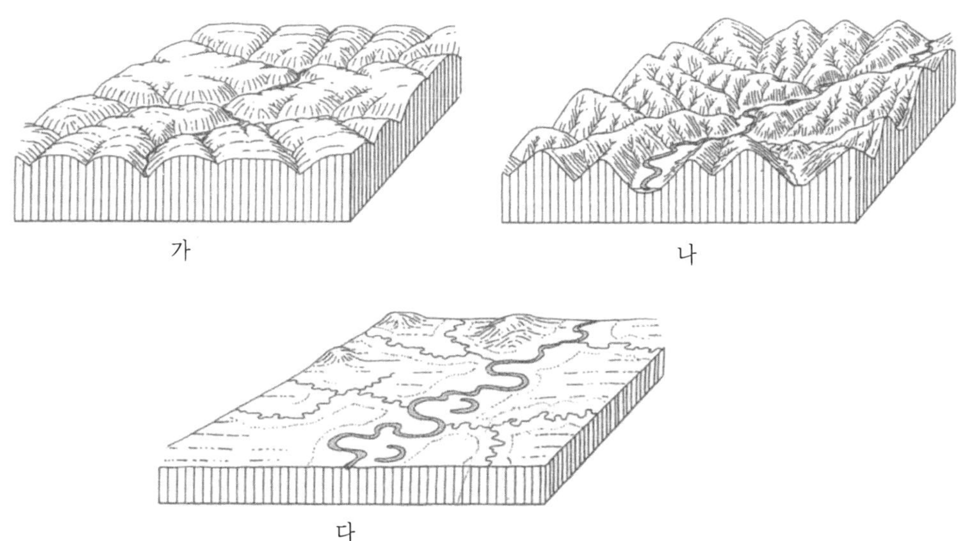

그림 60. 유수작용에 의한 침식윤회 모식도 (가. 유년기 나. 장년기 다. 노년기)

2) 침식 및 퇴적지형

측방침식으로 하천곡지가 일부 남아서 계단상으로 남을 경우 하안단구(river terrace)가 형성된다. 이것은 침식이 재차 활발해지는 침식부활 현상, 즉 하천의 회춘(rejuvenation)[54]으로 장년기 또는 노년기지형이 침식됨으로 만들어진다.

하안단구는 구성물질의 종류에 따라 깎여진 기반암으로 된 침식단구와 사력물질이 쌓인 퇴적단구로 분류된다(그림 61). 침식의 부활로 하각되면 범람원은 급한 절벽을 유로를 향하여 계단상의 모습을 나타내게 된다. 단구 아래 절벽은 단구애(段丘崖)라고 하고 범람원은 단구의 표면을 이룬다. 강수량의 변화와 해면변동, 빙기와 간빙기의 교대에 의한 하천활동에 의한 단구는 기후단구로 해석되고 있다.

---

54) 하천의 하방침식이 부활되는 현상이다. 지각변동이나 해수면이 하강하는 경우이다. 지질시대 · 제4기 환경변화를 나타낸다.

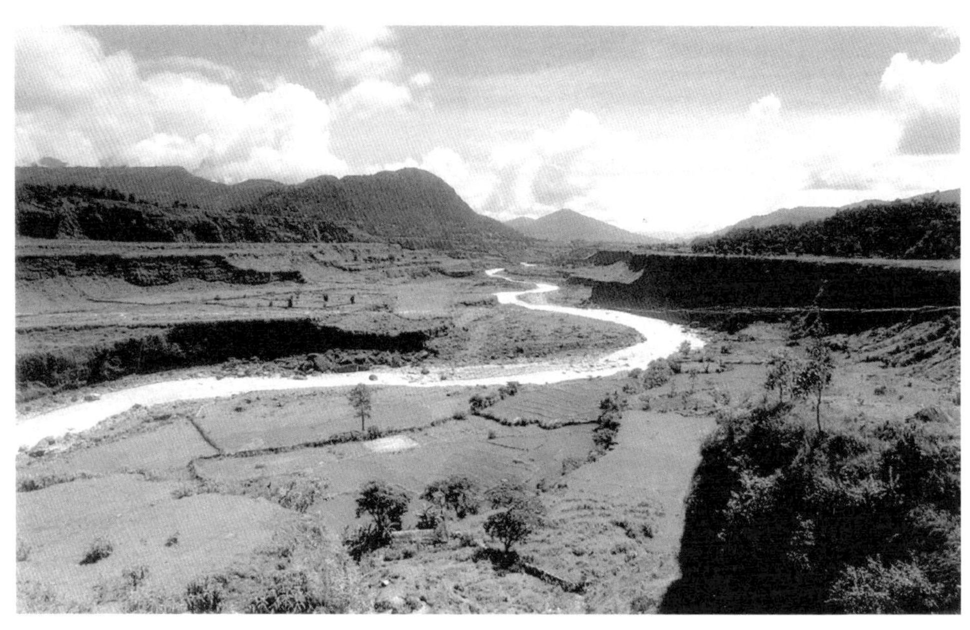

그림 61 퇴적단구

충적물질로 이루어져 있으므로 충적단구라고도 한다.
침식기준면(해수면)과 관련되어 발달한다.

이러한 단구형성이 지각변동에 의한 것이면 구조단구(tectonic terrace)라고 한다. 특히 감입곡류하천(incised meander)은 자유곡류하천으로 흐르던 하천이 지반이 융기함에 따라 침식이 왕성하게 진행하여 발달한다. 이때는 하천이 그 형태를 유지한 채 하상을 깊게 깎는데 하상기반의 지질구조에 따라 다양하게 파고 들어가 횡단면이 대칭적으로 나타난다(그림 62).

하천의 퇴적지형은 하천주변에 운반물질이 퇴적한 것으로 총칭하여 충적평야(alluvial plain)라 부르고 있다. 하천의 양쪽 제방은 자연 높아져서 자연제방을 이루고 홍수에 의하여 물이 하천을 넘어 평야면을 덮어 형성된 것을 범람원(flood plain)이라 한다. 산지를 흐르는 계류에 의하여 곡구를 중심으로 퇴적된 평야를 선상지(alluvial fan)라 하고 호수나 얕은 바다에 형성되는 삼각주가 있으며 해안평야 등이

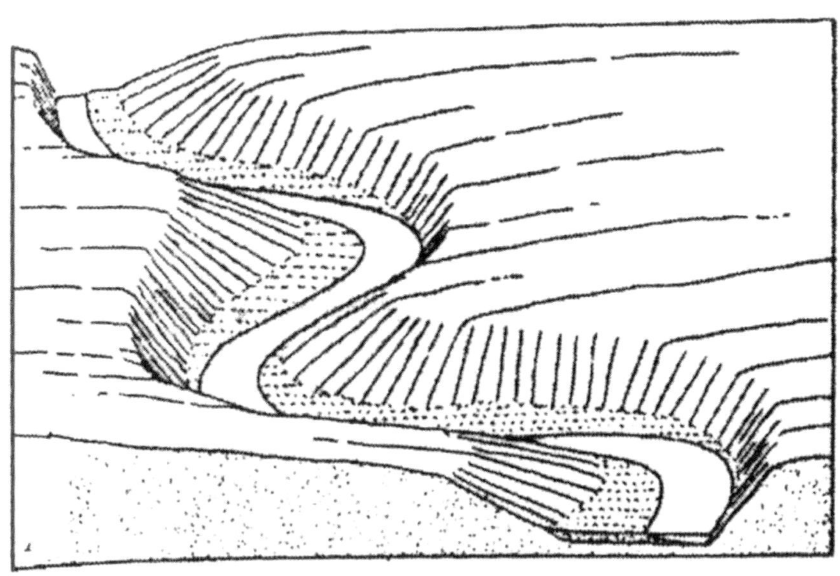

그림 62. 감입곡류 하천
횡단면이 대칭이며 지반융기의 증거로 간주된다.

있다. 선상지는 급류성 하천이 산지에서 곡구의 산록에 형성되는 퇴적면이다. 산록으로 퍼져 나오는 급류성 하천은 경사가 느린 장소에서 이리저리로 널리 퍼져 흘러서 운반되어 온 모래와 자갈을 쌓아 놓아 그 형태가 부채의 모양으로 된 지형이다(그림 63의 가). 크기는 반경 수 킬로미터에 달하며 두께도 수십 미터에 이르고 퇴적물의 크기도 선정에서 매우 크고 선단으로 갈수록 작다. 지형도에서 등고선의 모습은 동심원을 이루고 있다. 내부구조는 층서(層序)가 분명치 않고 물의 투수성이 크며 복류(伏流)한다. 선상지에서 분산되는 물길은 먼저 낮은 부분으로 흐르고 그 다음은 다른 부분으로 옮겨 가며 흐른다.

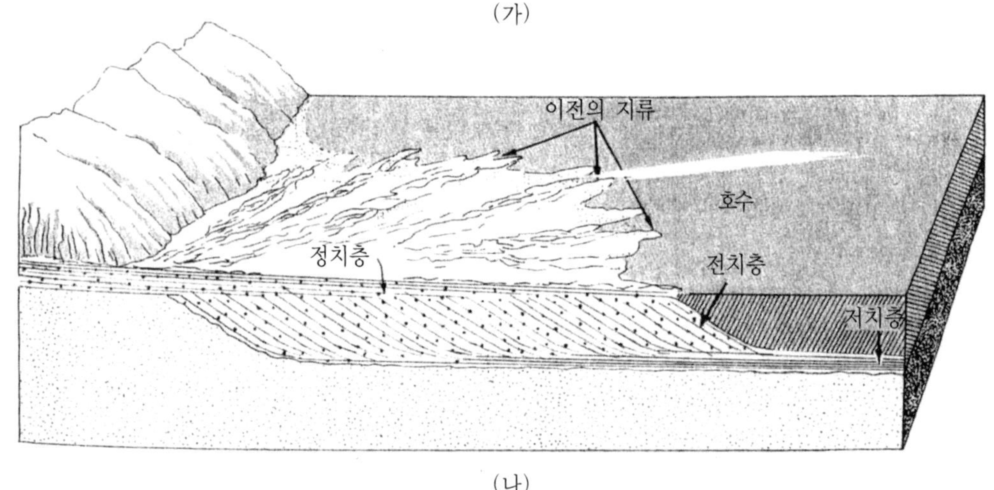

그림 63. 선상지(가)와 삼각주(나)

선상지는 부채꼴형태이며 하천은 여러 갈래로 흐른다. 삼각주의 내부구조는 3부분으로 되어 있다.

삼각주(delta)는 강이 바다와 접한 하구에 생기는 것으로 가는 모래나 점토 등의 세립질의 운반물질이 퇴적된다. 삼각주 내의 분류(分流)가 많고 사주(沙洲)를 형성한다. 소규모의 사주가 일단 생기면 물의 흐름을 차단하고 퇴적이 활발해진다. 계속되는 퇴적으로 수면 위에 나타난 평지를 삼각주라 한다(그림 63의 나). 내부구조는 바다 쪽으로 하천이 진출할 때 운반물질의 크기가 다양하여 일정하지 않다. 대체로 3개의 층으로 이루어진다. 정치층(topset layer)은 삼각주의 시작 부분이고 제일 윗부분이다. 구성물질의 입자는 크고 육지에서 온 퇴적물이다. 전치층(foreset layer)은 정치층 앞쪽에 있으며 전치사면을 이루고 저치층(bottomset layer)은 전치층 앞쪽에 있는 퇴적층으로 거의 수평이며 입자크기가 가장 작다. 삼각주가 형성되려면 장기간 지반이 안정되어야 하고 연안류, 파랑 등이 미약하여야 될 것이다.

호소와 지하수환경

1. 호소의 생성

    호소는 바다와 연결되지 않고 용기에 물을 담아 둔 형태로 지표의 웅덩이에 물이 고인 곳이다. 물론 바다와 같이 넓은 곳도 있으나 대체로 넓이와 깊이를 쉽게 측정할 수 있고 부유식물들이 생육할 수 있는 장소이다. 호소는 호수(lake)와 소(沼, swamp) 또한 독립된 생태계의 기본단위로서 연못(pond) 그리고 최근에 환경변화 문제로 주목받고 있는 습지(濕地, wetland)도 포함된다. 우리가 부르는 못(pool)은 인위적으로 파 놓은 작은 것이고 호수(lake)는 수생식물이 많이 살 수 없을 정도의 깊이를 가진 큰 규모의 물이 고인 지역이다.

    호소에 존재하는 물은 강수와 하천, 지하수 그리고 눈과 빙하의 융빙수로 형성된다. 염수로 된 호소는 주로 건조한 지역에서 탁월하며 바다와는 격리되어 있다. 염호(鹽湖, saline lake)는 주변지형에서 다양하게 용해된 광물성분이 집적되어 있으며 계절적으로 확대 또는 축소되어 바닥이 드러나는데 이를 플라야호(playa lake)라 한다. 건조한 지방의 분지에는 비가 올 때 일시적인 호소로 변하는 수가 있다. 미국의 서부지역에는 수많은 플라야 습지(playa wetland)가 형성되어 있다(그림 64).

그림 64. 플라야 습지(playa wetland)
미국 서부지역의 산간분지에서 형성된 일시적인 건조호수

미국의 오대호 중의 하나인 Superior는 82,477km^{2}로 담수체로서는 가장 넓고 러시아의 Baikal호수는 깊이가 1,741m로 최고의 부피를 가지고 있다. 그러나 지구상에 존재하는 수백만의 호소는 1km^2 내외의 크기이다. 보통 규모가 작은 호소의 경우는 그 존재여부와 깊은 관련을 갖지만 호소가 클 경우는 환경변화가 심하다. 호소는 환경의 변화에 따라 달라지므로 그 형태는 과거 현재 미래를 통하여 다양하다. 호소는 수중환경에서 발생하는 여러 가지 자연현상을 종합적으로 관찰할 수 있는 좋은 실험장이다.

호소는 단층과 습곡 같은 지각운동으로 생기는 것이 많으며 용암분출에 의한 호소 그리고 하천의 범람원과 삼각주에서 지하수와 지면과 같아지는 지점에서, 빙하침식에 의한 요철이 생겨난 빙하호, 지반의 융기로 인한 해안지방의 석호(潟湖, lagoon)가 있으며 하천의 지류나 하안에서 사태(沙汰, landslide)로 다량의 암설이 밀려 내려와 가로 막아서 형성된 호소는 습지로 간주된다.

호소는 하천과 같이 관개, 발전, 어로, 교통 등 인류와 관련성도 깊다. 여기에서 호소의 이화학적 성질과 호소퇴적물 및 수중생물의 생태 등이 점차 밝혀지게 되었다. 호소는 대기권에서 일사, 강수, 증발, 바람, 물수지 현상이, 수권에서는 플랑크톤, 저서생물, 조개류, 어류, 박테리아, 수초 등이, 암석권에서는 호소의 생성원인, 지형, 지질, 퇴적층 등의 분야가 관심의 대상이다. 일반적으로 호소의 수심이 5m 미만으로 낮아지면 습지로 존재하다가 지질적인 작용으로 매립되고 만다.

호소는 직접 바다와는 연결되어 있지 않고[55] 습지와 더불어 소(또는 늪지)는 수중식물이 번성하여 생물다양성[56]을 잘 나타내고 있다. 호소는 수중에 생활하는 생물과 여러 가지 자연 현상의 상호관계를 연구하는 데 또한 훌륭한 실험장이다. 한편 호소는 대기 중에 습기를 증가시켜 국지적인 기후 및 환경의 변화와 하천의 수량을 조절하고 있다.

2. 호소의 종류

담수호(fresh water lake)는 염분성분을 포함하지 않고 강수량이 많은 습윤 기후지역에서 많이 존재한다. 미국의 오대호는 그 대표적인 사례이며 바다와 같이 파도가 있어서 항해에 어려움이 있다. 유기물질이 적고 퇴적물이 적은 곳은 물이 맑고 투명하지만 그렇지 않은 곳은 플랑크톤의 번식과 조류(藻類) 등이 많아 갈색, 녹색을 띠기도 하다. 화구호(칼데라 호)나 단층 호소는 규모도 비교적 크고 형태가 단순하다. 물에 염분(salt)과 무기물이 용해되어 짠 맛을 나타내는 호소를 함수호(salt lake)라 하는데

---

55) 석호(潟湖, lagoon)는 바다의 사주에 의해 격리된 담수호수이다.
56) 생물종, 생태계의 다양성을 종합한 개념이다.

물 1ℓ 중에 녹아 있는 염분이 0.5g 이상인 것으로 내륙의 건조지방의 호소가 대부분을 차지한다. 이것은 건조기후로 인하여 계속된 증발에 기인한다. 미국 유타 주의 대염호(great salt lake)와57) 시나이 반도북부의 사해가 이에 속한다. 내륙의 건조호소는 배수되는 강이 없고 염류가 집적되어 침전된다. 말라 버린 건조호소는 플라야 호(playa lake)라고 하는데 각종 염류가 농축되어 바닥이 염류각(salt crust)으로 덮여 있다. 수온에 따라 호소는 연중 얼지 않는 열대호와 겨울에 동결되는 온대호로 구분한다. 대략 수온이 4℃를 경계로 나누고 있다. 단층(fault)에 의하여 분지가 형성되고 이 분지 안에 호가 만들어진다. 동부 아프리카의 탕가니카 호, 니아사 호, 바이칼 호, 요르단계곡의 사해(死海)도 단층호에 속한다. 일반적으로 폭이 좁고 수심이 깊다.

3. 호소의 변화

지각운동은 지질시간을 통하여 서서히 발생하여 凹지가 형성되어 만들어진 호수는 구조호수(tectonic lake)이다. 단층운동과 화산작용에 의한 것으로 호안이 단조롭고 급경사로 되어 수심이 깊은 것이 특징이다. 시베리아의 바이칼(Baikal), 아프리카 지구대의 호수들, 일본의 비와호(琵琶湖) 등은 대표적 단층호수이고 백두산 천지, 미국 오리건 주의 크레이터 호수(Crater lake)는 폭발에 의한 화산호수이다(그림 65). 빙상(氷床, ice sheet)의 침식에 따라 형성된 평원을 빙식평원(ice-scoured plain)이라 하는데 기반암반에 파인 무수한 凹지에는 빙하가 사라져 물이 고인 호소가 발견된다. 이들 호소에는 퇴적물과 그 밖의 유기물질로 매립되어 늪(bog)이 된 것이 많다(그림 66). 캐나다와 핀란드는 이러한 빙하호(glacial lake)가 수백만 개나 된다고 한다. 빙하호는 수심이 맑고 뛰어난 경치를 보이지만 빙퇴석이 많을 경우에는 물이 탁할 수 있다. 하천의 곡류가 심하여 유로가 고립되어 호소가 만들어진다. 이러한 호소의 생김새는 소의 뿔과 같다 하여 우각호(oxbow lake)라고 한다. 한국의 많은 호소들은 여기에 속한다.

---

57) 사해는 염분이 264%, 대염호는 147%에 달한다.

그림 65. 화산호수(미국의 Crater Lake)

호수안에 중앙화구의 산이 섬으로 관찰된다. 호수의 지름은 8㎞ 이상이다.

호소에서 발생하는 파도는 호안을 공격하고 암반을 깨뜨려 깨진 물질을 퇴적시킨다. 호수로 유입되는 하천퇴적물도 호수바닥을 메운다. 배수로가 없는 호수는 염분을 축적시켜 염도를 높이고 말라 버리면 암염(rock salt), 석고 등의 지하자원으로 변한다. 수심이 얕아지면 습지 또는 소택으로 되면서 식생이 정착한다. 이러한 식생은 번성했다가 소멸되어 토탄(peat)을 형성한다.[58] 호소는 시간의 경과로 말라 버리고 퇴적물로 채워진다. 기후가 변하여 건조해지는 환경에서는 플라야 호소로 되어 기후환경의 지표로 간주된다.

처음에는 호소의 가장자리에 수변식물이 많았으나 점차로 퇴적작용이 진행함에 따라 수심이 얕아지고 침수식물이 밀생하여 습지화되는 과정을 거쳐 완전히 육지화된다(그림 64).

---

58) 호소바닥은 산소공급이 부족하여 생물은 불완전한 상태로 남는다. 분해되지 않고 식생이 쌓이면 이탄(泥炭)이라고도 한다.

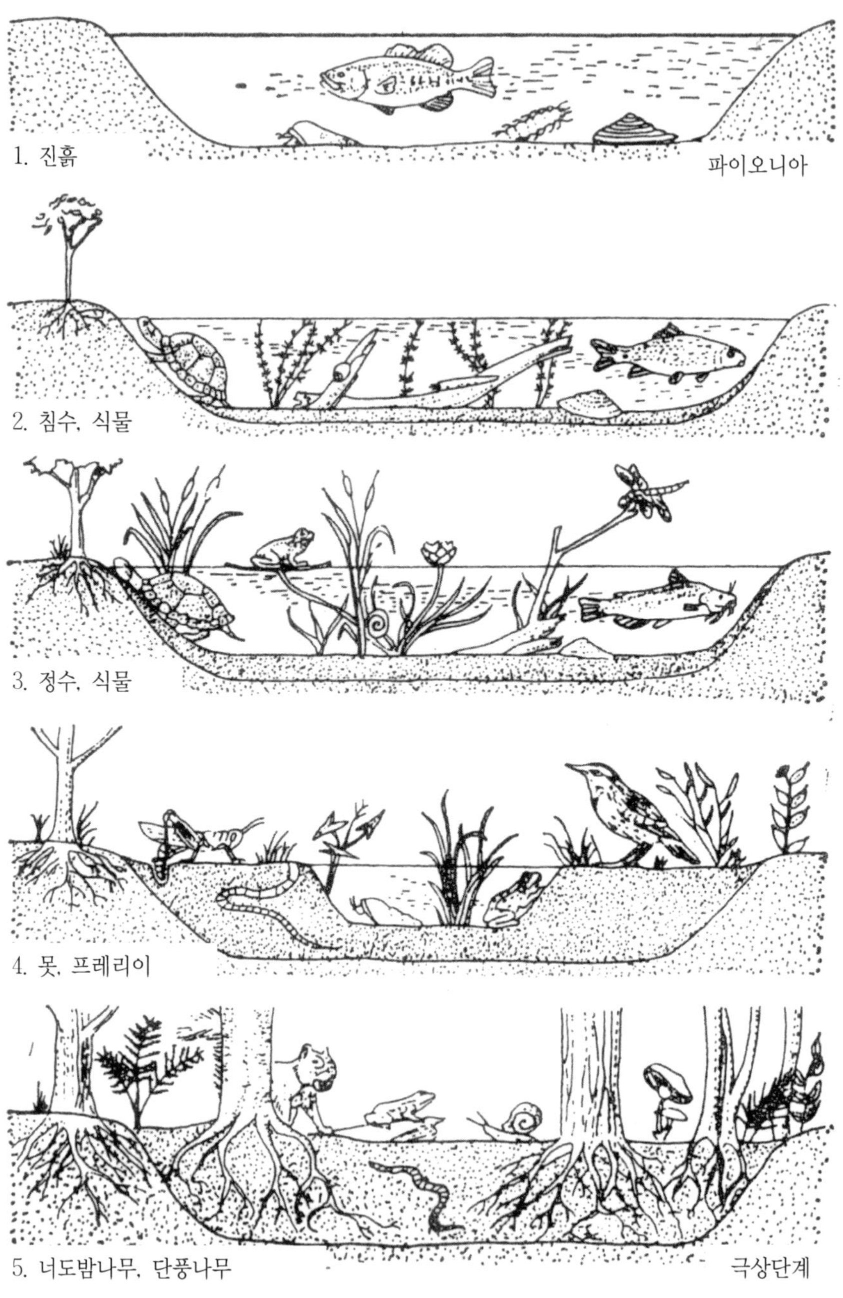

그림 66. 호소의 일생

호소-소택지-습원-삼림으로 육지화한다.

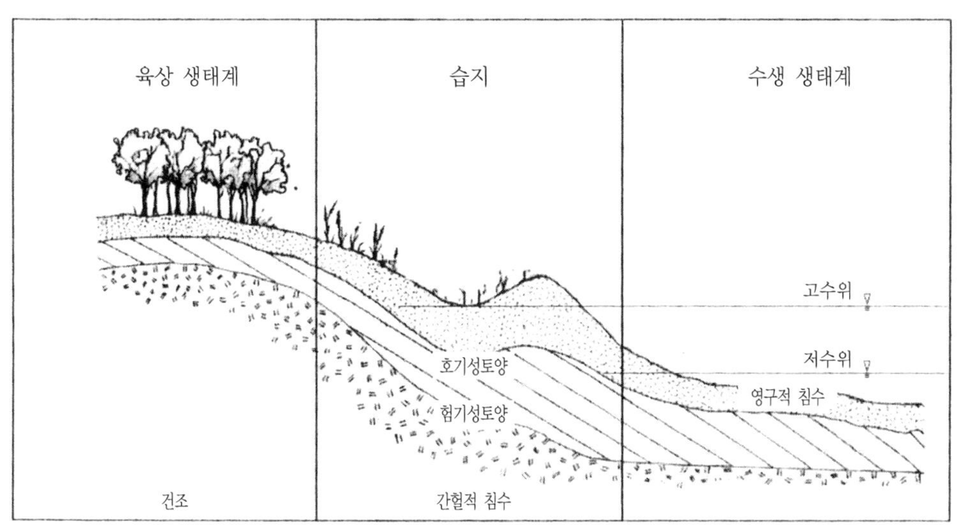

그림 67. 습지의 위치

육상생태계와 수상생태계 사이의 점이대에 있다.

4. 습지 환경

습지(wetland)란 물이 어떤 계절 혹은 일 년 내내 지표면 위를 얇게 덮고 많은 수생식물이 비교적 두꺼운 유기질 퇴적물과 함께 뒤덮여 있는 곳을 말한다.

여기에는 초본류와 이끼류, 선태류(bryophyte) 또는 관목으로 덮여 있는 땅으로 Ramsar협약59)을 통해 국제적인 관심이 집중되는 곳이다. 습지는 육상생태계와 수생생태계 사이의 전이대(ecotone)로서 양쪽 생태계의 중간에 위치해 있는 점이적 공간이다(그림 67).

---

59) 국제습지조약으로 1971년에 이란의 람사(Ramsar)에서 채택되었다. 주로 철새와 물새의 서식지로 보호할 의무가 있다. 우리나라는 1997년에 가입하였고 2008년도 경남 창원시에서 총회가 예정되어 있다.

그림 68. 열대지방의 맹그로브(mangrove) 습지

맹그로브는 해안습지 또는 하구에서 자라며 염분에 잘 견딘다. 해안의 침식과 홍수를 막는다.
습지는 모기의 번식지나 단순히 버려진 땅이라는 개념에서 떠나 생태적으로 중요한 개념으로 인식된다.

육지와 물은 여러 방식으로 결합되어 있어서 습지가 시작되는 지점이 모호하다. 해안지역의 갯벌이나 호소 등이 토사로 메워져 얕아지고 여기에 갈대 등이 자라면 습원(濕原)이 생긴다. 습지는 지구표면의 6% 정도를 차지하며 열대지역에서 한대 지역에 이르기까지 고르게 분포한다. 습지는 호소에서 육지로 변해 가는 중간단계로 각종 물질의 전환이 이루어지고 크고 작은 여러 종류의 생물들이 다양하게 분포하는 곳으로 가장 영양물질이 풍부하고 생산성이 높은 생태계로 인식되고 있다. 학술적으로도 가치가 중요하며 이토(peat)는 화분(花粉)을 장기간 양호한 상태로 보존하고 있어서 과거에 생존했던 식물을 파악할 수 있고 절대연대를 측정할 수 있다. 쓸모없던 땅으로 인식되었던 습지는 중요한 지구자원의 하나로 간주하게 되었다. 내륙 습지로는 하천주변의 소택지(우각호 포함)와 산간습지, 해안 습지로는 간석지(tidal marsh), 하구(estuary)습지(그림 67, 68)를 포함한다.[60]

---

60) 평지에 지하수위가 높고 수분이 많은 경우는 저층습원(low moor)이고 산지에는 고층습원(raised bog)이 존재한다.

습지는 지구상에서 생물학적으로 종(species)이 가장 풍부한 서식지이다. 그러나 대부분의 습지는 농업, 도시화, 공업지역의 시설물 설치 등으로 토지이용에 의해 상당수가 파괴되었다. 습지는 습지바깥까지 수중식물이 번성하여 습지 전체가 식물로 덮이고 최후에는 식물 유체가 매몰되어 퇴적된 다음 박테리아 작용이 진행되면 분해된다(그림 66). 그 후에 계속된 식물유체는 박테리아에 의하여 분해되지 않고 쌓이면 이탄으로 변한다. 습지에 도랑을 파서 물을 뽑아 지하수면을 낮추든가 식생이 나타나면 적당한 토지이용이 가능하다. 습지는 생태적으로 본다면 그 안에 서식하는 유기체의 생물윤회의 재생산 부분으로 중요하다.

5. 지하수의 환경

땅속의 토양층과 풍화층, 암반층의 틈새나 절리를 따라 빗물이 침투하다가 공극을 만나면 포화하여 존재하는 물을 지하수(ground water)라 총칭한다. 즉 물의 순환 중의 일부가 땅속으로 침투하여 지하수가 되는데 인류에 있어서 가장 중요한 자원의 하나이다. 지하수의 수량은 암석내부에서 존재하는 처녀수(處女水, juvenile water)를 비롯하여 주로 지면에 고여 있는 물이다

토양과 암석은 우리 눈에 보이지 않지만 커다란 저수지(reservoir) 같은 물탱크이다. 수리시설이 없는 곳에서는 인공 우물(well)을 파서 지하수를 얻는다. 지하수는 땅속에서 지질작용을 가하여 암석의 성분을 용해하고 카르스트(karst)지형을 형성하여 지표면에 변화를 가져온다. 사력층과 역암 및 석회암등은 수분이동이 쉽고 점토층이나 응회암 등은 불투수성층으로 이동이 미약하다.

강수의 상당부분은 지면과 토양에 잠정적으로 저류되어 있다가 증발과 식물에 의한 증산(transpiration)에 의하여 대기로 귀환된다. 나머지 강수의 일부분은 하천으로 유입되고 다른 일부는 지하깊이 침투하여 지하수가 된다. 중력의 영향으로 지표수와 지하수는 느리지만 낮은 곳으로 흘러 결국에는 바다로 흘러 들어간다.

지하수의 흐름은 연간 10cm 이하이고 수온은 여름에 높아지고 겨울에 저하된다.

지하수에 물이 증가하는 것을 지하수 함양 또는 주입(注入, recharge)이라하고 샘이나 우물에 의하여 빠져 나가는 것을 유출(流出, discaharge)이라 한다.

주입과 유출이 평형을 이루면 지하수면은 계절적으로나 기후적으로 다소 변화가 있더라도 안정된다.

물이 지하 깊은 곳으로 내려가 모이면 대기압보다 큰 압력을 받으므로 지하수는 피압 대수층(confined aquifer)으로 구분한다. 피압 대수층 내의 물과 위 또는 아래층의 물 사이의 교환은 발생하지 않는다. 땅속에 포화상태를 이루어서 존재하는 물이 지하수이고 그 표면을 지하수면(ground water table)이라고 하는데 지하수면은 토양입자에 모세관 현상으로 모세관에 붙어 있는 것이 보통이다. 지하수면의 위치는 지하수위를 측정할 때 알게 된다. 지하수는 지하수면의 경사에 따라 유동한다. 피압 대수층은 지하수면을 가지고 있지 않다. 대수층(aquifer)은 포화대라고도 하며 지하수면의 윗부분은 통기대(zone of aeration)로 구분하고 통기대 중에 부분적으로 점토층 같은 것이 존재하면 독립적으로 대수층이 발견된다(그림 69). 이것을 주수(perched water)라고 하는데 통기대에 부분적으로 고여 있으며 선상지나 삼각주 등의 지형에서 관찰된다. 지하수는 지면에 솟아나오거나 하천의 물을 공급하는 역할을 하고 있다. 인위적으로 관개를 하거나, 호소 및 하천으로부터의 수분함양이 주요 공급원이 되지만 강수량이 적고 지하수위가 깊으면 지하수의 함양은 거의 없다.

석회암지역은 석회동굴을 형성하는데 이는 지하수면 밑에서 아주 천천히 흐르는 지하수에 의한 것이다. 지하수는 오래부터 사람들이 음료수나 농사에 이용해 왔다.

그림 69, 70은 경사진 지형에서 대수층이 불투수층 위에 놓여 있는 것으로 지하수면이 거의 지표면에 도달하여 샘(spring)을 형성한다. 모든 대수층에서 지하수는 동일수준에 있지는 않다. 지하수의 구조는 통기대, 중간수대 그리고 대수층으로 구분된다.

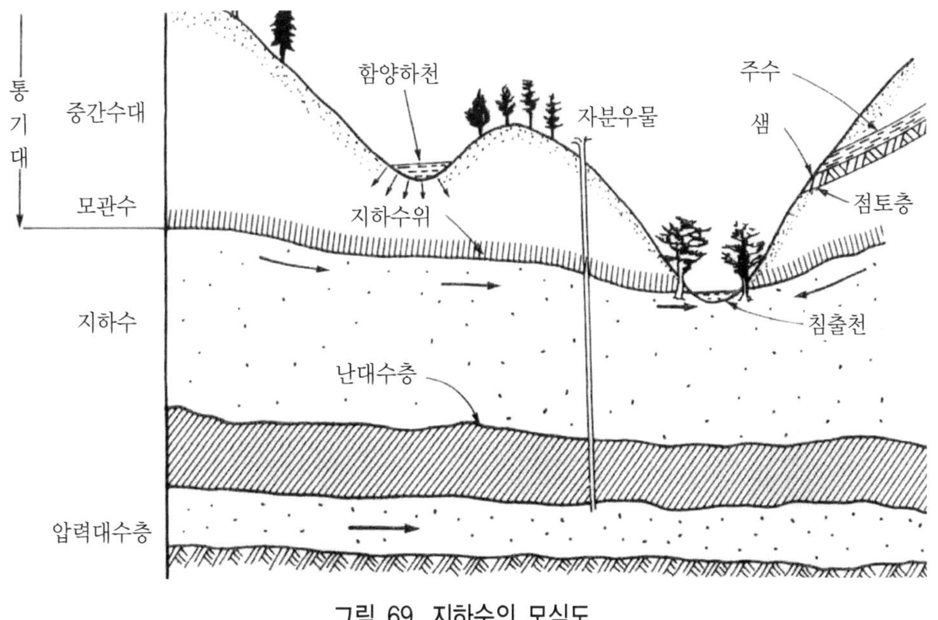

그림 69. 지하수의 모식도

6. 지하수의 구조

1) 통기대

통기대(vadose zone 또는 aeration zone)는 공극이 물로 채워진 층으로 중간수대와 모관수대로 나눈다. 그 위에 존재하는 토양수분대는 식물의 뿌리가 미치는 영역이다. 토양수분대와 대수층 바로 위의 모세관 끝단(capillary fringe) 사이의 지역으로 완전히 포화되어 있지는 않다.

통기대에서 수분이동은 공극을 통해 진행되는데 이것은 중력수(gravity water)이다. 비가 내릴 때만 침투하는 물이다. 토양입자를 둘러싼 수막이 엷어지면 모세관 현상으로 밑에서 올라오는 수분이 모세관수(capillary water)이다. 이것은 작은 공극에서 표면장력에 의하여 미세한 입자에 존재하는 물이다. 모관수는 중력에 의하여 배수되지는 않는다.

2) 대수층

대수층은 지하수면에서부터 아래로 불투수층인 기반암에 이르고 깊이는 수백 미터에 이른다. 대수층에 충분히 발생하는 물을 지하수라고 한다. 자유수면을 갖는 비피압대수층과 피압대수층으로 나눈다. 깊이 발달한 지하수는 그 기원이 오랜 것이다. 압력을 가지고 있는 피압대수층은 지상으로 자분(自噴)하는 경우도 있다.[61]

대수층의 물은 경제적으로 개발이 가능하다.

3) 중간수대

중간수대(intermediate vadose zone)는 물의 하방이동 지대이지만 때로는 말라 있다. 물은 위쪽으로 이동이 가능하다. 평소에 젖어 있지만 충분한 공기가 존재한다. 용탈(leaching)이 현저하고 다양한 화학적 풍화작용이 진전된다. 토양수대에서 모관수에 이르는 중간영역으로 지하수위가 지표면에 접근해 있으면 토양수대와 겹쳐서 중간수대는 좁아지거나 존재하지 않고 지하수위가 깊은 경우에는 존재한다.

4) 샘과 우물

지하수면이 지표면과 접한 곳에서 지하수가 자연적으로 새어 나오는 지점을 말한다. 샘(spring) 중에는 땅속의 지열로 인한 더운 물이 솟아 나오는 경우가 있는데 그 지방의 1년 평균기온 이상으로 높은 경우를 온천(hot spring)[62]이라고 한다.

샘은 불투수층의 표면이 경사졌을 때, 그 경사면을 흐르던 지하수가 절벽이나 골짜기 사면으로 용출되는 경우가 많다. 또는 단층선이 발달해 있을 때, 단층선을 따라 물이 솟아나는 경우이다. 절리조직이 치밀한 석회암과 화강암지역에도 잘 나타난다.

---

61) 찬정분지(artesian basin)는 불투수층에 존재하는 투수층이 분지형태로 발견되는 곳으로 피압지하수의 함양구역이다. 이곳은 자분정이지만 우물을 파면 양질의 물을 얻을 수 있다.
62) 화학적 성분에 따라 단순천, 유황천, 탄산천, 알칼리천 등 종류가 많다.

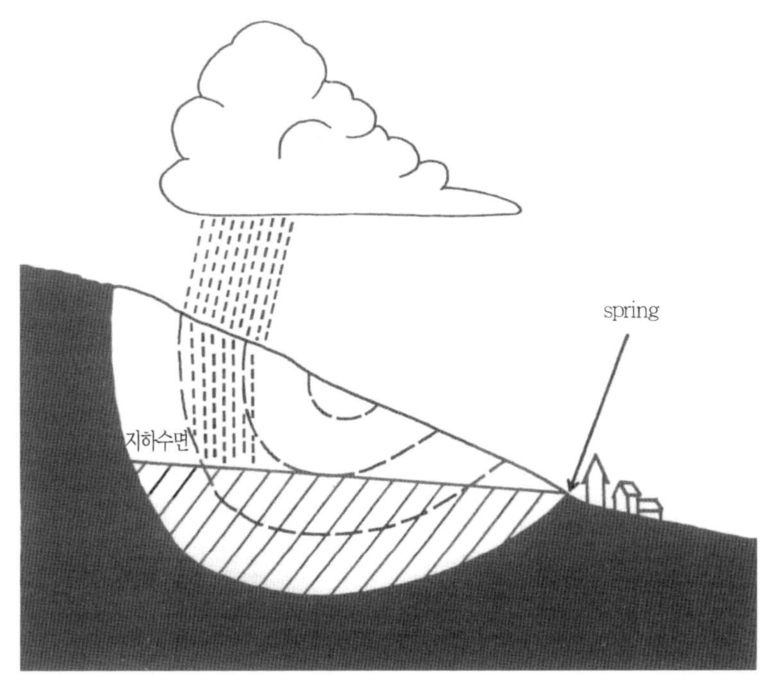

그림 70. 샘의 출현(spring)

샘은 지하수면이 지표면과 접한 곳으로 새어 나오는 지점이다.

땅속의 광물질과 방사능 물질이 용해되어 있는 샘은 광천(mineral spring)으로 지온에 의해 덥혀진 온천과 온도에 차이가 있을 뿐 성격은 동일하다. 온천 위 물은 대부분 지표에서 스며들어간 순환수이고 화산지대의 경우 화산성 온천이다. 땅을 파서 인공적으로 지하수를 얻는 장소가 우물(well)이다. 퇴적암의 층면을 따라 보링을 하면 취수가 가능하다.

7. 카르스트 지형

석회암지대에서 지표수가 지하로 흘러들어가 지하수가 되고 지하수에 의하여 석회암이 용식되면 지하에 석회동굴을 형성한다. 석회동굴(limestone cave)은 일반인에게 가장 널리 알려진 지형으로 카르스트 지형(karst topography)이라고 한다. 그 규모와

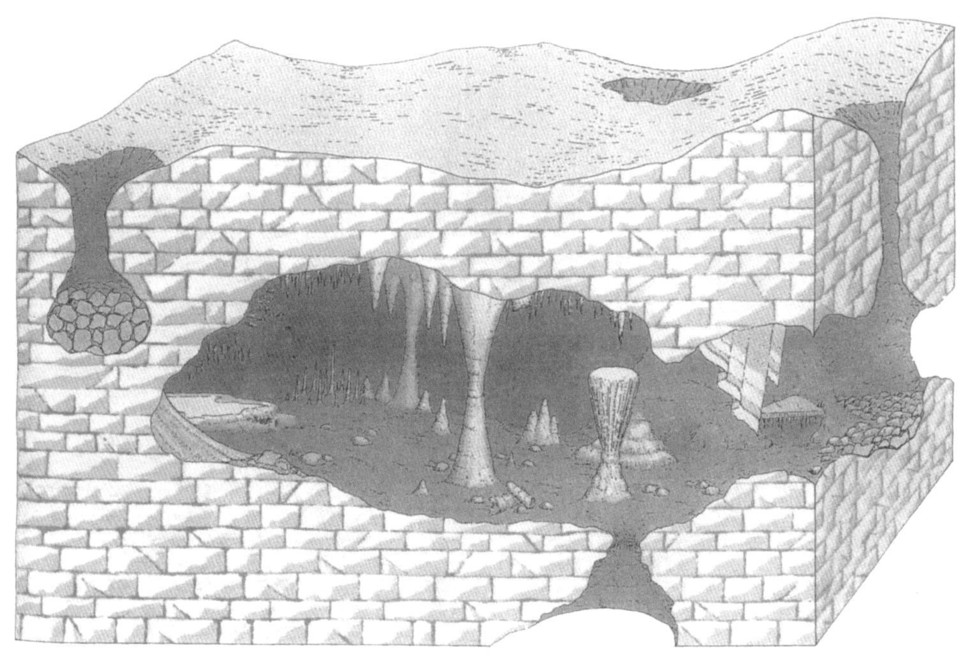

그림 71. 카르스트 동굴지형(석주의 모습)

지하수계에 의해 발달한다.

내부구조가 다양하고 동굴의 길이가 수 미터에서 100km 이상에 이르는 것이 있다. 수직의 동굴도 발달되어 깊이가 1, 000m를 넘는 경우도 있다. 석회암은 절리조직이 치밀하게 잘 발달되어 있고 간격이 좁은 층리가 있으며 가용성 암석으로 된 산지에 잘 형성된다. 카르스트의 지형 형성에는 지하수계(地下水系)에 의한 부분이 크기 때문에 산지가 유리한 것이다. 지형이 고도가 높은 대지이면 수직적으로 발달하고 낮은 대지는 수평적으로 발달한다.

지하수계는 쉬지 않고 새로운 동굴을 형성하고 그 지하유로를 따라 동굴은 계속 발달한다. 동굴이 지하수면보다 높으면 통기성동굴이라 하고 지하수면보다 낮아 젖은 것을 지하수동굴라고 부른다. 동굴 내부가 건조하면 과거에 지하수가 흘렀던 화석적인 지형으로 간주되어 과거의 습윤기후를 추정할 수 있다. 용해작용은 비가 내릴 때 빗물에 녹아 있는 CO_2 가스와 빗물이 H_2CO_3이 되어 암석을 잘 용해한다. $CaCo_3$이 침전되면 고드름 모양의 종유석(stalacite)이 동굴천정에 생기고 바닥에는 석순(stalagmite)이 만들어진다(그림 71).

9

해양과 해안환경

1. 해양

지구는 물의 행성이며 지구 대부분의 물은 바다이다. 수십억 년 전 최초의 생물에게 영양분을 제공했으며 현재의 육상생물과 수중생물 또한 물 없이는 생명을 유지할 수 없다. 한랭기후를 제외하고 물은 양적, 질적 측면에서 육상 환경에서 살고 있는 생명에 가장 중요한 제한요인(limiting factor)로 작용하고 있다.

해양(ocean)은 지구상의 전체 물 공급의 97% 이상을 차지하고 그 외 나머지 물 공급에 중심적인 공급원으로 작용한다. 담수의 가장 큰 저장소는 빙하이며 빙하는 지구의 물 거의 2%를 차지하며 주로 남극대륙과 그린란드에 분포한다. 지하수, 지표수, 대기수분은 전체의 0.6% 정도를 차지하고 있지만 인간을 포함한 생물의 중요한 물 공급원이다.

해수가 충만한 바다, 이런 바다를 가지고 있는 것은 태양계에서 유일한 행성으로서 지구뿐이다. 바닷물의 양은 비와 눈, 강물, 샘물 등의 공급을 받고 있으나 대기 중으로 막대한 양의 물이 증발함으로 오랜 지질시대를 통하여 거의 균형을 유지하고 있다. 지

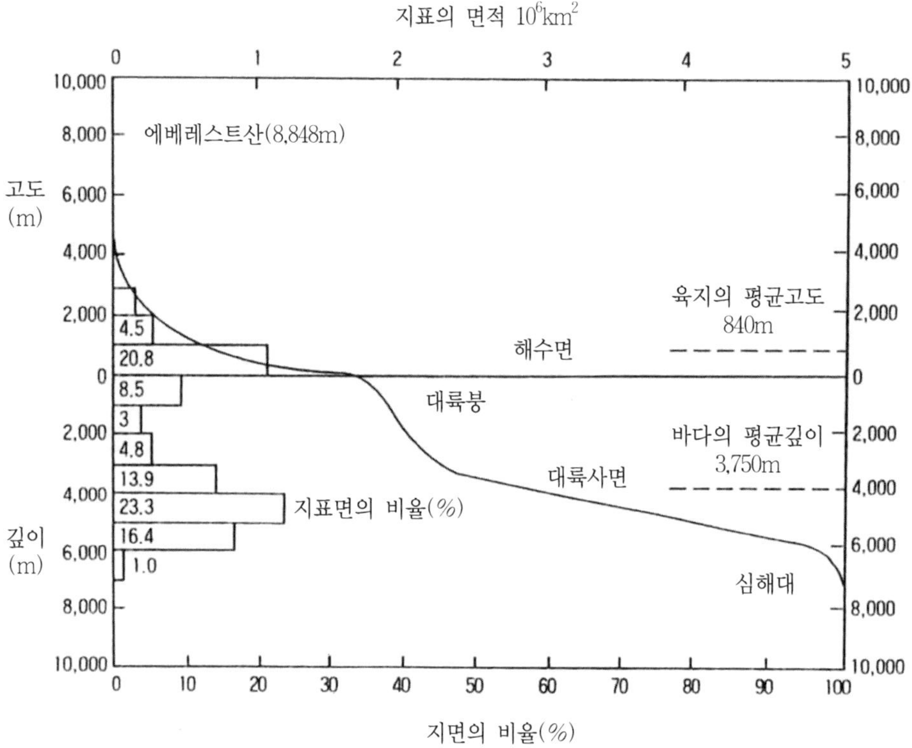

그림 72. 대륙과 해양의 고도 분포(Hypsographic curve)

구표면의 약 70%는 해양으로 덮여 있다. 지구 차원에서 해양은 태양의 복사에너지를 저장하여 지구의 기후를 전체적으로 조정해 주는 역할을 한다. 지난 빙기시에 해수면은 승강운동을 되풀이하였으며 과거 100년 동안 6.4cm 정도 높아졌다. 이는 대기온도의 상승으로 남북 양극의 빙하가 융해되어 바닷물이 증가되었음을 말해준다. 바닷물은 여러 가지 광물질과 염분이 녹아 있으며 다양한 해수운동을 하고 있다. 바다에 관한 과학은 해양학(oceanography)으로 독립되어 취급하고 있는바 여기에는 해류, 조석, 파랑, 해양의 기원, 구조, 자원, 생태계, 물질의 순환 등 시·공간적인 여러 자연현상을 연구하는 거대한 과학(big science)이다. 해양과 자연환경은 광범위한 과학으로 종합과학의 성격을 가지고 있으며 해양지질, 해양화학, 해양물리, 해양생물 및 해양기상학 등이 다루어진다. 인류의 마지막 개발전선(the last frontier)으로서 전 세계의 각광을 받고 모든 국가들은 바다에 관한 관심이 크게 높아지고 있다. 즉 바다에 관한 여러 가지 풍부한 자원에 큰 기대를 갖고 있기 때문이다.

육지의 평균고도는 약 840m이며 바다의 평균수심은 3,750m이다. 그림 72은 지표의 고도별 면적의 비율을 나타낸 고저 측량 곡선(hypographic curve)은 최빈값분포(bimodal distributuon)이다. 해수면 바로 위의 고도를 갖는 대륙의 면적과 4,000-5,000m의 수심을 갖는 대양의 면적이 각각 20%를 넘고 있다.

곡선의 최고점은 에베레스트산(8,848m)의 지점과 제일 깊은 곳은 필리핀 해구의 -10,540m 또는 마리애나 해구의 -11,034m점이다. 대략 수심 200m 이하는 대륙대이고 지구표면적의 34%를 차지하고 깊이 3,000m까지는 대륙사면(continental Slope)으로 7.9%이다. 해면아래 수심 132m까지는 천해(shallow Sea)와 대륙붕(continental Shelf)으로 되어있다.

2. 해수의 성질

해양은 육지보다 태양열을 효율적으로 흡수·저장하며 수온과 염분은 해수의 특성을 결정하는 중요한 물리적 성질이다. 따라서 해양에서 서식하는 식물과 동물의 성장과 산란에 크게 영향을 미치는 환경요인이다. 또한 수온의 지역적인 차이와 변화는 대기의 경우보다 좁은 범위 내에서 발생한다. 해수의 수온은 태양복사에너지와 대기와 지각으로부터 열전달과 인접해역의 수괴(水槐)에 의한 열교환 등에 의해 결정된다. 수온의 변화는 해수의 성질을 변화시킨다. 해양의 심층수는 온도가 낮다. 수온이 올라가면 물분자의 원자들이 여과되어 부피가 증가하고 용해도가 증가한다. 해수는 담수와 다르게 많은 양의 용존 물질인 염분(salt)이 녹아 있어서 용해도의 변화는 중요하다. 해수의 공급되는 태양에너지의 대부분이 해수와 대기의 경계면을 통하여 공급된다. 해수의 온도는 해수면 근처에서 높고 수심이 깊어지면 낮아진다. 태양복사열을 가장 많이 받는 혼합층(mixed layer)은 열대에서 두껍고(약 200m) 극지방으로 갈수록 얇아진다.

해수는 해수 중에 녹아 있는 소금(NaCl)을 비롯하여 많은 물질이 녹아 있다. 이러한 해수의 용존 물질들은 대륙지각의 풍화와 화학적 용식 그리고 대양저 해령에서 분출되는 부산물들이다. 해수 중에 용해되어 있는 소금의 물질의 총량을 염분 (salinity)이라고 하며 천분율(‰)의 단위로 표시한다. 염분의 변화에 따라 해수의 성질이 달라진다. 염분이 증가하면 해수밀도가 증가하고 결빙온도는 낮아진다. 일반적으로 담수의 영향이 큰 연안은 원양의 해수에 비해 다소 낮은 염분을 갖는다. 해면증발이 큰 열대에서는 40‰ 이상의 염분이 관찰된다. 북반구의 해수가 남반구의 해수보다 낮은 것은 북반구에 대륙이 많이 분포하는 것으로 이해된다. 해수의 빛깔이 주로 청색과 녹색으로 보인다. 이것은 광선의 파장에 따라 해수에 흡수되는 비율이 다르기 때문이다. 수심이 깊은 곳에서는 청색과 녹색의 파장이 깊이 투과됨으로 물이 청록색을 띠게 된다. 부유물질이 많은 대륙붕 바다는 부유물질이 서로 다른 파장의 빛을 반사하여 해수의 색이 갈색과 녹색으로 보이게 한다. 부유물질은 빛의 투과를 방해하며 파도 역시 투과량을 변화시킨다.

3. 해수의 운동

해수의 운동에는 해류(oceanic currents)와 파랑(waves) 그리고 조석(tides)을 들 수 있다.

1) 해 류

해수가 지구상에서 일정한 방향으로 흐르고 크고 작은 규모의 해류가 있다는 사실은 일찍부터 알려져 왔다. 해류에 의하여 해수의 순환이 일어난다. 이를 이용하여 근세 유럽인들은 세계 전 해양의 해류 패턴을 모형화하였다. 해류는 수온, 염분도, 밀도가 균일한 바닷물이 일정한 방향으로 흐르는 것을 가리킨다. 해류는 하천에 비하면 흐르는 속도가 느리지만 그것은 규모가 대단히 커서 일정한 시간 내에 막대한 양의 물을 운반 할 수 있다는 것이다. 해수의 순환은 많은 양의 태양복사에너지를 받는 열대해역과 적은 양의 에너지를 받는 고위도 해역 사이의 열적평형을 이루는 데 중요한 역할을 하고 있다. 또한 어장의 형성과 해상교통에도 크게 영향을 미치고 있다. 해수는 바람에 영향으로 형성되는 풍성 순환(wind-driven circulation)과 해수의 수온과 염분의 차이에서 기인하여 발생하는 밀도차이에 의한 열염분 순환(thermohaline circulation)으로 구분된다. 주목될 것은 풍성순환은 지구 자전에 의한 전향력, 즉 코리올리의 효과(Coriolis effect)가 해류의 방향을 결정한다. 적도해류는 저위도인 적도해역에서 동쪽에서 서쪽으로 흐르고 중위도의 편서풍대에서는 서쪽에서 동쪽으로 흐르는 서풍 표류(West-wind drift)를 일으킨다. 이에 반해 극지방의 편동풍대에서는 동풍으로 인해 동풍 표류(East-wind drift)가 발생하여 해양대순환의 근간을 이룬다. 이러한 해류는 바람에 의한 것으로 바람이 해수면 위로 영향함으로 취송류(吹送流, drift current)라 불리고 있다. 적도해류에는 태평양 서쪽의 쿠로시오해류와 대서양 서쪽연변에 집적되는 멕시코만류(Gulf Stream)처럼 강력한 해류를 이루면서 고위도로 이동한다. 이들은 윤곽이 뚜렷하고 수온이 높은 난류들로 유명하게 되었다. 특히 멕시코만류는 영국과 노르웨이해안을 거쳐 북극권으로 이동하여 북위 70°에서도 겨울에 바다가 얼지 않는다(부동항이 존재한다). 해류들은 해양에서 서로 연결되어 있으므로 다수의 거대한 소용돌이를 형성하는데 이것을 환류(還流) 또는 순환세포(gyre)라고 한다.[63] 해양의 서쪽해류는 대체로 5km/h의 유속을 가지고 있는 반면 동쪽의 해류는 0.9km/h의 느린 속도를 가지고 있는 것으로 알려져 있다. 현재까지 조사된 환류는 그림 73과 같으며 캘리포니아해류, 카나리아해류, 페루해류, 벵겔라해류는 태평양과 대서양동쪽 연변을 따라 적도로 흐르는 대표적 한류들이다. 이들 한류가 흐르는 해상과 해안은 안개일수가 많고 기온이 서늘하다. 사막도 발달한다.

---

63) 아열대 고기압세포와 대체로 일치하는 아열대순환세포를 가운데 두고 해류가 거대한 소용돌이를 이룬다.

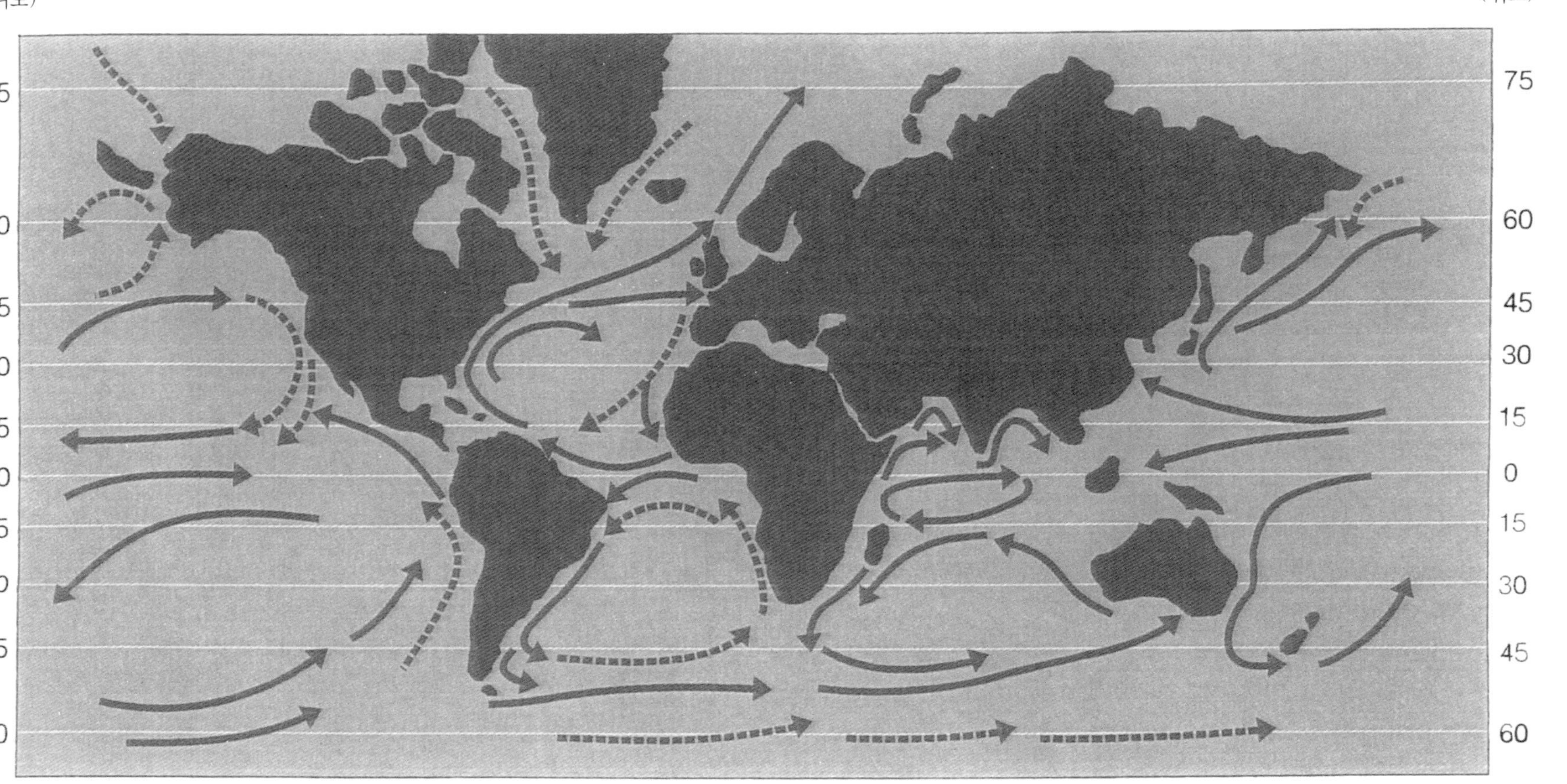

그림 73. 세계의 해류

해류는 바람에 의해서 발생한다.

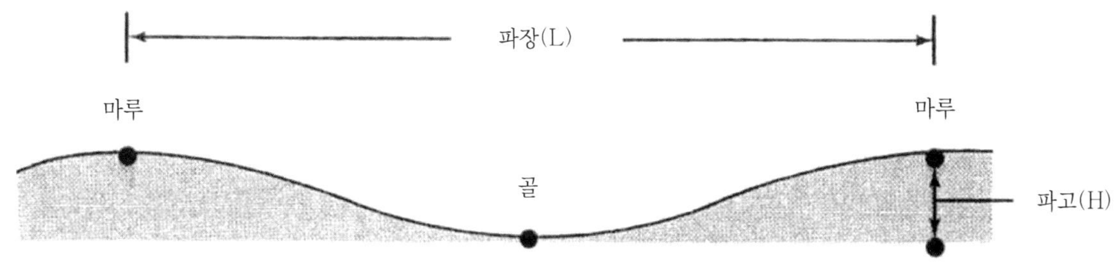

그림 74. 사인(sine)곡선과 비슷한 파랑의 형태

2) 파 랑

파랑은 우리가 바다에 접근하여 가장 먼저 관찰할 수 있는 파동현상으로서 파도 (waves)를 가리킨다. 연안에서 보이는 파랑은 바람에 의한 것이다. 즉 바람의 운동 에너지를 바닷물이 흡수하는 과정에서 이루어진다. 파랑은 해수표면뿐 아니라 수중에 서도 발생한다. 대기와 바다의 경계면에서 파랑은 생기는 표면파(surface water)이다. 바람의 영향을 벗어나도 파랑은 계속된다. 표면파의 형태는 어느 순간의 수직단면에 서 정지수면에 대한 수면의 변위를 나타내는 곡선파형으로 사인곡선(sine curve)과 비슷하다(그림 74). 파랑에서 가장 높은 부분을 마루(crest) 또는 파고(波高), 가장 낮은 부분을 골 (trough)이라고 한다. 골과 골 사이 또는 파고와 파고 사이가 파장 (wave length)이다. 파장이 1.73cm 이하이면 잔물결, 그 이상을 중력파(gravity wave)라 한다. 파랑은 풍속, 취송거리, 취송시간에 의하여 결정된다.

파랑은 바람의 영향에 따라 해파(sea wave), 너울(swell), 쇄파(surf 또는 breaker)로 구분한다. 해파는 모든 표면파의 총칭으로 모양과 진행양상이 다양하고 복잡한 형태를 보인다. 너울은 모양이 단순하고 마루와 골이 둥글게 사인곡선형이다. 해파가 형성된 후 바람이 멈추거나 해파가 다른 곳으로 전파되는 경우에 파랑은 너 울의 모습을 갖는다. 높아진 파고가 해안선 가까이에서 불안정해지고 앞으로 구부러 지면 쇄파가 되면서 부서진다. 해파나 너울이 표면파의 마루가 뾰족해지면서 해안에 부서지는 경우이다. 모양에 따라 파편상쇄파(spilling breaker), 돌진형 쇄파(plunging breaker), 벽상 쇄파(surging breaker)로 구분한다. 해안에 연안사주(barrier island)가 있거나 수면 위로 드러나지 않는 돌출지형이 있어도 쇄파는 형성된다. 쇄파로 부서진

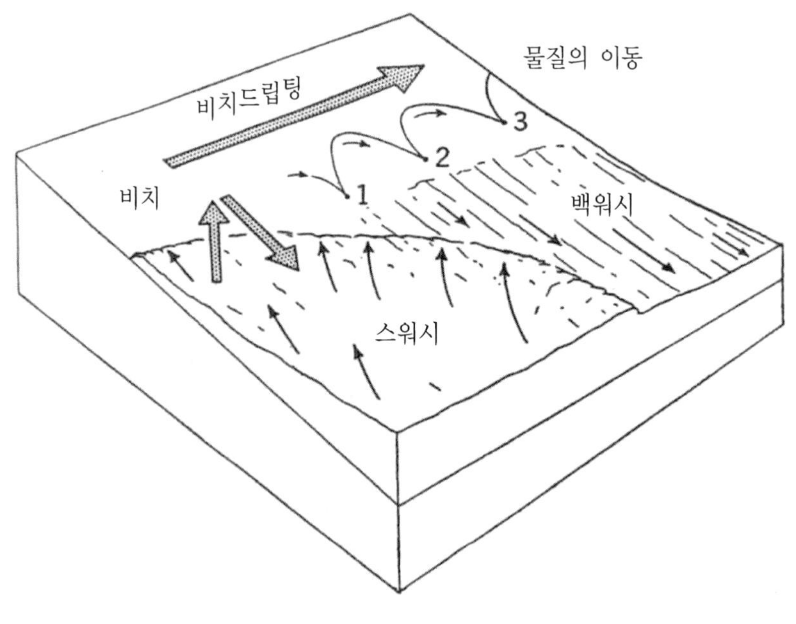

그림 75. 스워시와 백워시

파랑이 비스듬히 육지로 접근한다. 비치를 따라 모래입자가 이동한다.

바닷물은 앞으로 밀려 모래사장을 비스듬이 기어 올라가는데 이것을 스워시(swash)
라 하고 올라간 물이 다시 흘러내리면 백워시(back wash)가 된다(그림 75). 스워시
는 너울의 접근방향으로 해안을 올라간다. 이때는 물이 비스듬히 올라가지만 빠져 나
올 때는 중력으로 직각으로 흘러내린다. 너울이 반복되면 해안의 모래들은 해안을 따
라 조금씩 이동한다. 이러한 현상은 비치 드립팅(beach drifting)으로 알려져 있다.

파랑은 진행경로에 따라 굴절(屈折, refraction)되는데 수심의 변화로 야기된다.

파랑의 반사는 해안절벽이나 인공구조물 등이 장애물에 파랑이 접근하는 경우에 일어
난다. 이러한 경로의 변화는 수심이 얕은 천해(淺海)에서 이루어진다. 즉 파랑의 앞쪽
(wave front) 또는 마루선[64]이 휘어지는 현상으로 출입이 복잡한 해안의 돌출부인 헤
드랜드(headland)에서는 바닷물의 전진속도가 줄어들고 만(bay)에서는 변동없이 전진
할 때 해저지형과 마찰이 발생하여 파랑의 진행방향으로 압축되면서 파랑의 속도가 감
소함으로 이루어진다(그림 76). 이때는 직선으로 접근하던 파랑은 해저와 마찰로 구부
러지며 파랑 에너지가 집중되는 곳은 침식이 활발하며 만 내부에서는 퇴적이 일어난다.

---

64) 진행하는 파랑의 가장 높은 부분이다.

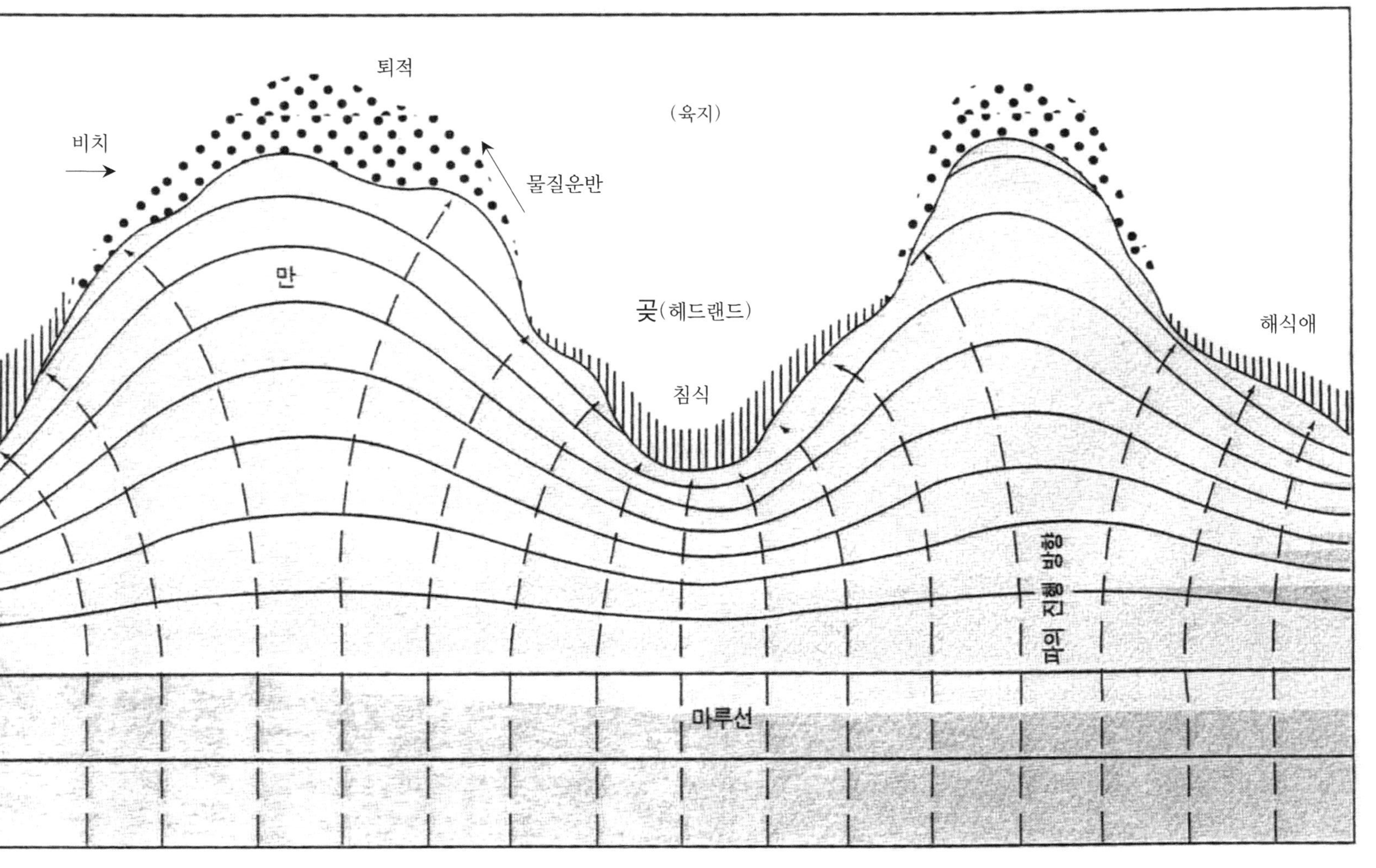

그림 76. 파랑의 굴절

돌출부인 헤드랜드에서는 침식, 만 내부에서는 퇴적된다. 헤드랜드에서는 선이 모이고 만에서는 벌어진다.

3) 조 석

조석(tides)은 하루에 약 두 번의 비율로 주기적으로 일어나는 해면의 승강작용을 말한다. 조석은 전 해양에서 항상 존재하는 것으로 조석에 의한 해수면의 수위는 항상 변하고 있다. 조석은 주로 태양과 달의 상대적 운동의 영향으로 여러 가지 조석 주기를 가지고 각각의 주기에 따라 다양한 규모와 진폭을 보인다. 조석의 주기는 약 12시간 26분이다. 조석은 지구와 달 사이에 작용하는 만유인력은 전체적으로 지구와 달의 공통 무게 중심을 중앙으로 회전함으로써 생기는 원심력과 평형을 이룬다. 조석은 태양과 달의 위치에 크게 영향을 받으며 지구 자전의 효과와 지역에 따른 위치, 위도 그리고 바람, 해안선의 형태 및 해저지형에 의하여 크게 다르게 발생한다.

해면이 최고로 상승하면 그것을 고조(high tide)라 하고 가장 저하되었을 때를 저조(low tide)라 하며 하루 동안의 고조면과 저조면과의 차이를 조차(tidal range)라고 한다. 지구와 달과 태양이 일직선에 놓이는 삭망(朔望) 1–2일 후에는 조차가 최대에 달하는데 이때를 대조(spring tide), 달과 태양이 지구에 대해 직각으로 배치될 때는 조차가 가장 작아져 소조(neap tide)라고 한다(그림 77). 조석을 일으키는 힘을 기조력(tide generating force)이라 하는데 이것은 지구상의 임의의 점에 작용하는 만유인력과 원심력의 합력이다.

다시 말하면 해수 중의 어떤 지점에 작용하는 달의 인력에서 지구중심에 작용하는 달의 인력을 뺀 것이 기조력이다. 여기에서 지구표면의 기조력 분포를 설정할 수 있으며 하루 2회의 만조와 간조가 반복된다. 태양의 인력도 적지 않게 작용함은 물론이다. 조류의 시속이 16km에 달하는 것은 상당히 빠른 경우이다. 이러한 조류가 하구에 도달할 때는 해소(tidal bore)현상이 나타나는데 이것은 하천의 수면보다 높아서 바닷물이 병풍과 같이 급사면 상태로 역류함으로 특이하게 관찰된다. 해소는 아마존 강, 콜로라도 강, 엘베 강 등 큰 강에서 발생하고 중국의 양쯔 강 남쪽의 첸탄강(錢唐江)의 것이 잘 알려져 있다. 해소의 낙차는 3~5m에 이른다고 한다. 이와 같이 조석의 영향을 받는 하천을 감조하천(感潮河川)이라고 한다. 조차가 큰 해안, 즉 간만의 차이를 이용하여 조력발전(潮力發電)을 가동시킬 수 있다. 프랑스의 랑스(Rance)

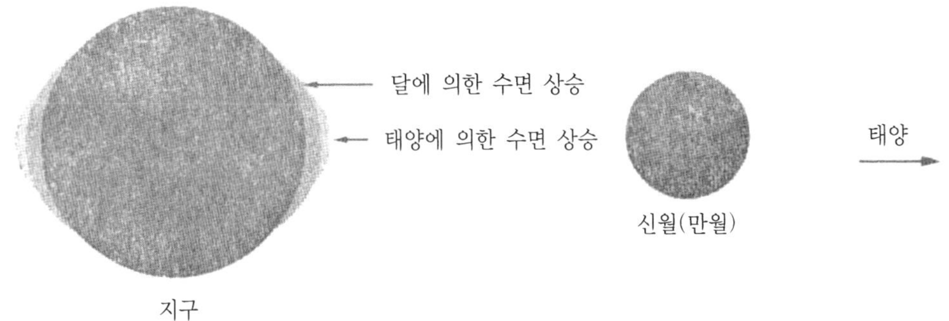

그림 77. 대조(spring ride) 때의 지구, 달, 태양의 배치

강 하구의 조력발전소가 있다. 강어귀에 저수지를 만들고 간조 때 유출되는 유수로 발전한다.

그 밖의 해수운동으로는 지진과 화산폭발에 연유하는 쓰나미(진파, tsunami)[65]와 태풍에 의한 파동을 들 수 있다.

4. 해 안

해안(coast)은 바다와 육지가 접한 지대로서 해안선보다는 넓은 공간으로 그 범위는 다양하게 정의되고 있다. 육지 쪽으로는 홀로세(Holocene)[66]의 해양충적층의 경계 이내이거나 혹은 바다에 면한 산사면 아래 그리고 바다 쪽으로는 저위 간석지(subtidal flat) 이내의 지역을 가리키고 있다.

---

65) 진파(津坡)는 해일이라 하며 파장이 긴 파랑을 조석파랑(tidal wave)이라고 부르지만 그 원인이 태양과 달의 인력과는 관계가 없기 때문에 지진해파(seismic sea wave) 또는 쓰나미(tsunami)라고 한다. 지진해파가 많은 지역은 태평양, 인도양, 지중해, 카리브해 및 대서양을 들 수 있다.
66) 신생대 지질시대 제4기 최후의 시기로 충적세 또는 현세라고 하고 약 1만 년 전이다.

그림 78. 파식대와 sea stack
파식은 만조시에만 육지 기저부까지 가해진다. 파식대 위에 시 스택이 남아 있다.

해안선(coastal shoreline)은 육지면과 해수면과의 경계선으로 현재의 해수가 도달하는 가장 내륙으로 정선(汀線)이라고 한다. 해수면은 조석과 파랑 등으로 정선의 위치가 일정하지 않아 평균해면과 육지와의 경계선을 정하고 있다.

해안지형학의 연구대상이 되는 지형현상은 일반적으로 해안지역 내에서 나타난다. 해안지역은 육상생태계와 해양생태계가 공존하는 장소이기 때문에 생태적 다양성이 매우 높다. 즉 해안지역은 대기권과 수권, 육지권이 유기적인 과계를 가지고 구성되어 있는 곳이다. 여기에는 항구 상업 및 공업용지, 관광지 등에 유용한 조건을 갖추고 있다. 해안에서 특색 있는 환경은 해안습지(coastal wetland)이다. 해안습지는 밀물 때 잠기고 썰물 때 뭍으로 드러나는 조간대 그리고 이와 공간적으로나 생태적으로 밀접하게 연결

134

되어 있는 천해를 포함하는 범위이다. 해안습지는 경사가 완만하고 조류와 하천에 의한 퇴적물이 지속적으로 공급되는 곳으로 식생의 정착이 가능한 조건이다.

모든 해안은 지형적으로나 지질적으로 볼 때 상당히 복합적이다. 특히 지난 빙기(ice age) 동안에 해수면변동의 영향이 컸다. 이에 따라 현재 해안에 크게 영향을 가져왔다. 1차적인 과정으로는 주로 지질적인 영향으로 하천, 빙하, 화산작용, 및 지반이동으로 상당히 불규칙하다. 여기에는 만(bay), 피오르드(fiord), 하구(estuary), 헤드랜드(headland), 반도(penisula), 사주(offshore island) 등이다. 그리고 2차적 과정으로는 해수의 침식과 퇴적작용을 들 수 있다.

해안에서는 지형의 변화가 대부분 해양성기후에 의해서 진행되며 각종 해안 지형은 해안선을 중심으로 발달한다. 지반과 해면의 승강운동과 파랑의 작용, 연안류, 조류 등이 중요한 영력이다. 지형학적으로 본다면 해안은 파랑과 조류에 의해 형성된 퇴적지형과 기반암을 침식하여 이루어진 암석해안으로 구분된다. 퇴적지형은 모래와 자갈을 쌓아 올린 비치(beach)와 해안사구[67] 그리고 연안사주 등이 관찰된다. 암석해안은 기반암이 노출된 해식애와 해식에 밑에 수평 또는 완만히 바다 쪽으로 경사진 암초인 파식대와 파식대 위에 남아 있는 암초인 시스택(sea stack)이 관찰된다(그림 78).

해안에는 많은 퇴적물질이 있다. 해안에 퇴적되는 것은 대부분 하천에 의하여 육지에서 운반된 것으로 모래질과 실트 그리고 점토질이 우세하다. 헤드랜드에서 파랑에 의해 파괴된 자갈도 상당히 많아 해안에 쌓여 있다.[68]

해안은 해안에 접한 육지의 기후가 발달한다. 육지기후보다는 완화된 조건이며 기온의 연변화와 일변화도 적다. 해륙풍이 특색 있게 나타나고 중·고위도 지방에서는 서리, 얼음, 눈 등의 출현도 적다.

---

67) 해안의 모래는 바람에 불려 내륙 쪽으로 이동하여 사구(coastal dune)를 형성한다.
68) 자갈사빈(gravel beach)을 이룬다.

자연식생환경

1. 식생환경

자연환경의 구성요소로 중요하게 취급되는 현상은 지구상에 생물체가 존재한다는 사실이다. 여기에서는 육지식물을 대상으로 식생을 중심으로 취급하는데 식생은 인간의 영향을 받지 않은 자연식생(natural vegetation)이며 그 지역의 환경요인과 조화를 가질 뿐 아니라 기후, 지형, 토양, 물 등과 밀접하게 관련되어 다루어진다. 식생은 개별적 식물이 모여서 군락(群落, plant community)[69]을 형성한다. 군락에는 삼림과 초원같이 조밀한 곳과 해안이나 사막처럼 식생이 분산되어 엉성한 곳도 있다. 식생은 지구상에서 열대, 온대, 한대, 등의 기후대에 따라 규칙적으로 변화의 모습을 보인다. 식생을 지리적 분포와 분포원인으로 다루면 식물지리학(plant geography)이고 식물군락의 구조와 기능을 생태적으로 다루면 식물생태학(plant ecology)이 된다. 식생군(植生群)의 구조에는 크기(size), 계층구조(stratification) 그리고 서식장소(habitat)가

---

69) 식물은 잡다하게 흩어져 있지 않고 개별식물들이 대체로 일정한 비율로 모여 있는 공동체이다.

그림 79. 열대우림(셀바)의 단면구조

포함된다. 크기에는 수목인 경우는 키가 25m 이상, 관목은 8m 내외, 초본은 2m 이하가 대분류로 하고, 계층구조는 1-cm에서 25m까지 7단계로 구분한다(그림 79).

식물상(植物相, flora)[70]은 한 지역에 살고 있는 식물전체를 지칭한다. 여러 지역의 식물상을 보면 전 세계에 널리 분포되어 있는 보편종과 좁은 지역에 국한되어 있는 고유종으로 나누고 본래부터 그 지역에 서식하고 있는 식물은 자생종(自生種)이라 하고 외지에서 새로이 들어온 식물을 귀화종(歸化種)으로 분류한다.

---

70) 식물상은 특정한 지역에 자라나는 모든 식물 종류를 말한다. 식물상의 분포는 현재의 환경조건뿐 아니라 지질시대에 만들어진 산물이다. 식물상을 이루는 종에 뚜렷한 차이로 인하여 식물구계로 지역을 나눈다.

138

2. 식생분포의 기초

식생분포에 대한 이유를 잘 이해하려면 북반구의 식물 세계에서 가장 가까운 지질시대에 어떤 일이 발생하였나를 알아보는 것이 요구된다. 즉 제3기(*Tertiary*) 지질시대에 북반구는 오늘날보다 더 온난한 식생으로 덮여 있었다. 대표적인 수종으로는 목련(*Magnolia*), 단풍(*Acer*), 서나무(*Carpinus*), 너도밤나무(*Fagus*), 은행나무(*Ginkyo*), 삼나무(*Sequoia*), 낙우송(*Taxodium*), 개염나무(*Corylus*) 등이며 그 밖에 온대, 아열대 및 열대지방에 오늘날 발견되는 종이 그린랜드, 스피츠베르겐 그리고 Alaska와 같은 북극지방에 흔히 나타났다. 기후는 지구의 북반구에서 대부분에서 온난했으며 오늘날 존재하는 식물의 조상들이 북극지방을 차지하였다. 제3기 말에 이르러 기후는 후퇴하여 (한랭하여) 제1빙기가 시작되었다. 그다음 제4기(Quaternary period)의 빙기는 적어도 3-4회에 걸쳐 거듭되었다. 그 기간의 기후조건이 호조를 보인 간빙기(interglacial period)에 의하여 구분된다. 모든 고등식물은 계속적으로 얼음에 덮인 넓은 지역에서 멸절되어 갔으며 그 지역의 바깥쪽에서도 가혹한 기후에 의하여 파괴되었다.[71] 간빙기에 기후가 호전되면 식물은 재차 확대되어 빙기에 잃어버린 지역을 다시 차지하게 되며 그 다음에는 경쟁이 없으므로 얼음에 덮이지 않고 남아 있는 기름진 땅을 급속히 차지할 수 있었다. 북반구의 식물은 빙기에도 빙하의 가장자리의 얼음이 없는 여러 곳에서 생존이 가능했다. 제4기의 플라이스토세에는 4회에 걸쳐 지구상의 대부분이 빙하로 점유되어 많은 식물이 남방으로 이주하고 그렇지 못한 식물은 사라지거나 피난처에 남아 있다가 다시 퍼짐으로 오늘날과 같은 분포를 가지게 되었다.[72] 일반적으로 플라이스토세에 생존한 식물은 현대의 그것과 비슷하지만 분포지역에 따라 다소의 차이가 있을 따름이다. 적어도 간빙기의 기후는 현재의 기후와 비슷함으로 우리는 오늘날 제4간빙기에 처해 있다고 볼 수 있다.

---

71) 기후변화 이론에는 조산작용, 화산작용, CO_2이론, 태양의 활동 등이 있다.
72) 과거에 있어서 기후와 식생분포와의 관계는 화분분석(pollen analysis)과 방사성탄소(^{14}C)를 이용하는 연대측정법에 의해 알 수 있다.

빙기 이후를 후빙기(postglacial)라 하고 독일과 캐나다 등에서는 70% 이상의 식물의 종이 간빙기의 것과 그 전 간빙기의 것과 동일하다고 보고 있다.

3. 식생환경의 구분

지구상에 나타나는 자연식생은 환경학자, 생물학자, 지리학자에게는 기본적인 관심의 대상이다. 식생은 지형이나 토양 그리고 물 환경과 마찬가지로 자연경관의 중요한 하나의 요소이다. 개별적인 식물이나 군락의 형태적 특징은 위도, 고도, 대륙적인 위치에 따라 체계적으로 변화한다. 이러한 사실은 환경학자나 지리학자들에게 경이로움을 더할 뿐 아니라 식생, 토양, 지형, 및 기후에 따라 식생을 달리하게 되며 이들과 상호 관련성을 더욱 체계적으로 탐구하게 한다. 또한 식물은 식량으로서, 연료로, 의복으로, 가옥재료 등 인간생활에 있어서 재생산할 수 있는 자연자원으로서 다양한 범주에서 기여하고 있다. 여기에서 식생은 인간의 간섭이나 변형 없이 발달하는 자연환경으로서 식생이다. 식생을 포함하여 생물권을 3개로 구분하여 생물윤회(生物輪回, biocycle)를 본다면 (1) 염수(salt water or ocean (2) 담수(frash water) (3) 육지(land)로 정할 수 있다.

육지윤회는 생태적 환경에 따라 3개의 생물핵으로 구분된다(그림 80). 즉 염수, 육지, 담수가 그것이다. 여기에서 육지 생물핵을 다시 삼림, 사바나, 초원, 사막의 4개로 구분이 가능하다. 이들의 4개의 식생분류는 식물군락의 구조에 따라 구별되며 지구상 기후조건, 즉 강수와 증발, 햇빛, 바람 등에 따라 나타난다.

식생군락은 또한 시간적인 발달과정을 거치는데 이를 천이(遷移, succession)이라고 한다. 새로운 경작지나 지표면에는 일련의 식물군락이 조성되기 시작하며 이 군락은 차례차례로 교대하여 진행한다.

지구상에서 장기간 동안 진화를 수반한 종의 교체로 성숙단계의 안정적인 군락이 되는 것으로 극상(極相, climate)이라 하며 천이의 초기단계부터 극상에 이르는 군락의 발달과정을 천이계열(sere)이라고 한다(그림 81).

140

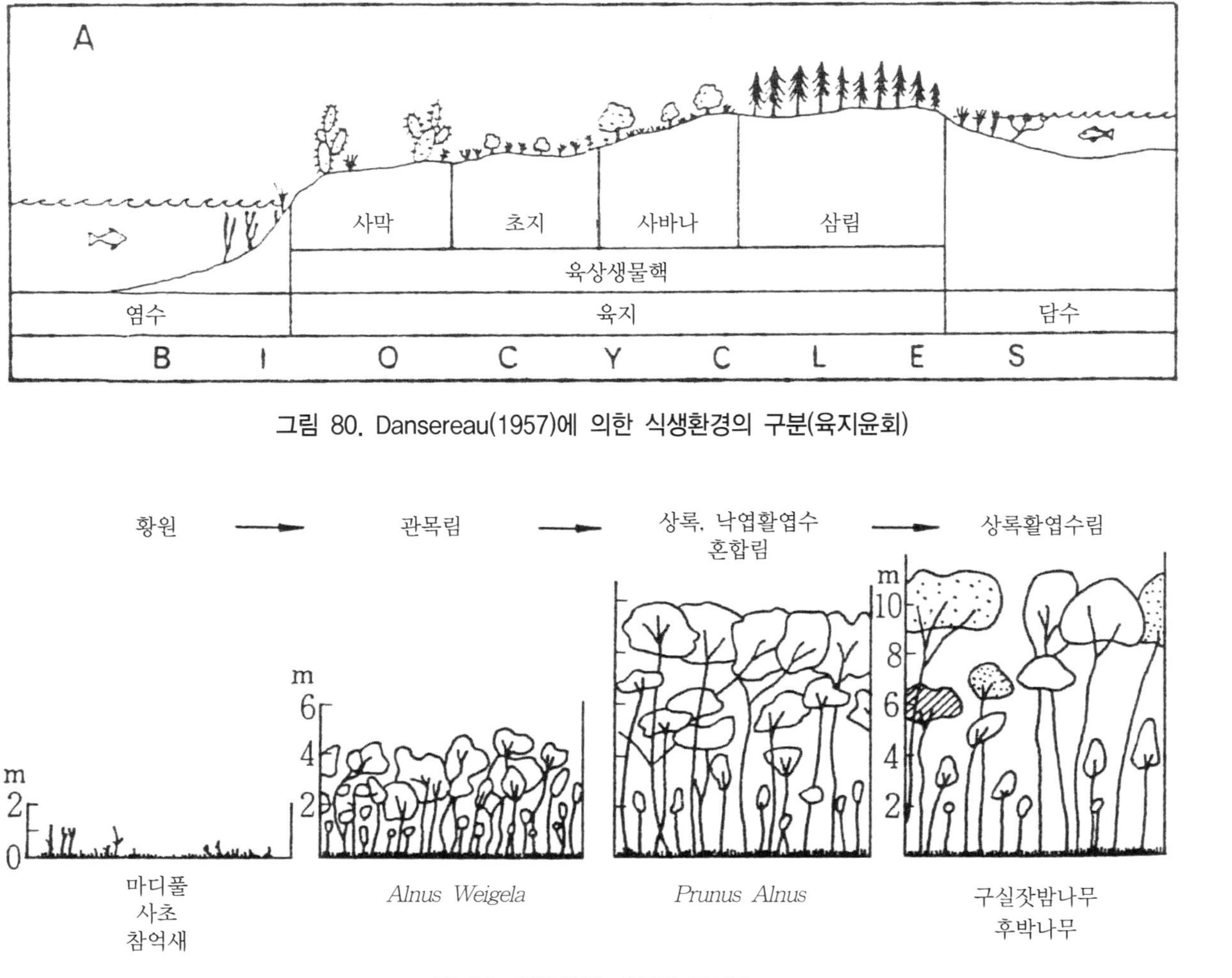

그림 80. Dansereau(1957)에 의한 식생환경의 구분(육지윤회)

그림 81. 식생천이 계열의 모식도

발달단계가 다른 다수의 군락이 형성됨(출발은 용암지역)

4. 자연환경과 식생

식생은 주변의 환경의 영향을 받으며 생활하고 있다. 환경으로 기후, 토양, 물 등 무기적인 것과 생물 상호관계도 고려된다. 무기적 환경으로는 광선, 즉 햇빛이 필요하다. 광선은 태양의 복사에 의해 공급되는 것으로 녹색식물의 광합성(photosyntheis)에 있어서 없어서는 안 되는 것이다. 광합성 및 세균의 화학사 광합성에 의해서 만들어지는 탄수화물은 자연계에서 기본이 되는 것으로 물질의 전환을 생각할 때는 가장 중요하다. 광선이 어느 정도 이하가 되면 녹색식물은 생육이 불가하다. 식물이 생육하는 데 필요한 빛의 최소량을 최소수광량(light minimum)이라고 한다. 최소수광량은 식물의 종류와 발육의 시기에 따라 다르다. 소나무나 해바라기, 억새풀은 햇빛이 잘 비치는 곳에서 생육하지만 고사리, 이끼 등의 양치류는 그늘에서도 잘 자란다. 여기에서 양지식물(sun plant), 음지식물(shade plant)로 분류하기도 한다. 음지식물은 양지식물에 비하여 빛이 적어도 광합성을 잘할 수 있다. 삼림에서는 광선을 필요로 하는 정도에 따라 식물의 층구조가 형성되고 어린 나무일수록 그늘에 견디는 성질이 강하다. 어떤 종류의 식물은 개화에 일조시간이 큰 관계를 가지고 있다. 일조시간이 길어지면 개화의 시기가 빨라지고 짧아지면 개화의 시기가 빨라지는 식물도 있다.

온도는 대기온도, 물의 온도 그리고 토양의 온도로 구별된다. 특히 대기온도는 장소, 시각, 계절이 따라 현저한 차이가 있다. 식물에는 최고 온도와 최저온도가 있고 그 범위 내에서 생활하기가 가장 좋은 최적온도(optimum temperature)가 있는데 발아, 개화, 결실에 알맞은 온도이다. 온대식물의 경우 최적온도는 10°–25℃이다.

생물은 식물체의 구성요소로 불가결한 것으로 식물체의 생활작용은 물이 있어야 가능하다. 특히 토양 중의 함수량과 대기의 온도는 식물에 대하여 중요한 환경요인이다. 특히 평균강수량과 평균기온과의 관계는 식물분포에 중요하게 다루어진다(그림 82).

식물은 생육지의 수분의 다소에 의하여 습생식물(hygrophyte), 건생식물(xerophyte)로 특성화한다. 물가와 습지 또는 열대지방에는 잎이 넓고 식물체가 가늘다. 그러나 사막이나 암석기반에서 서식하는 표피가 발달하고 증산을 적게 하도록 되어 있다.

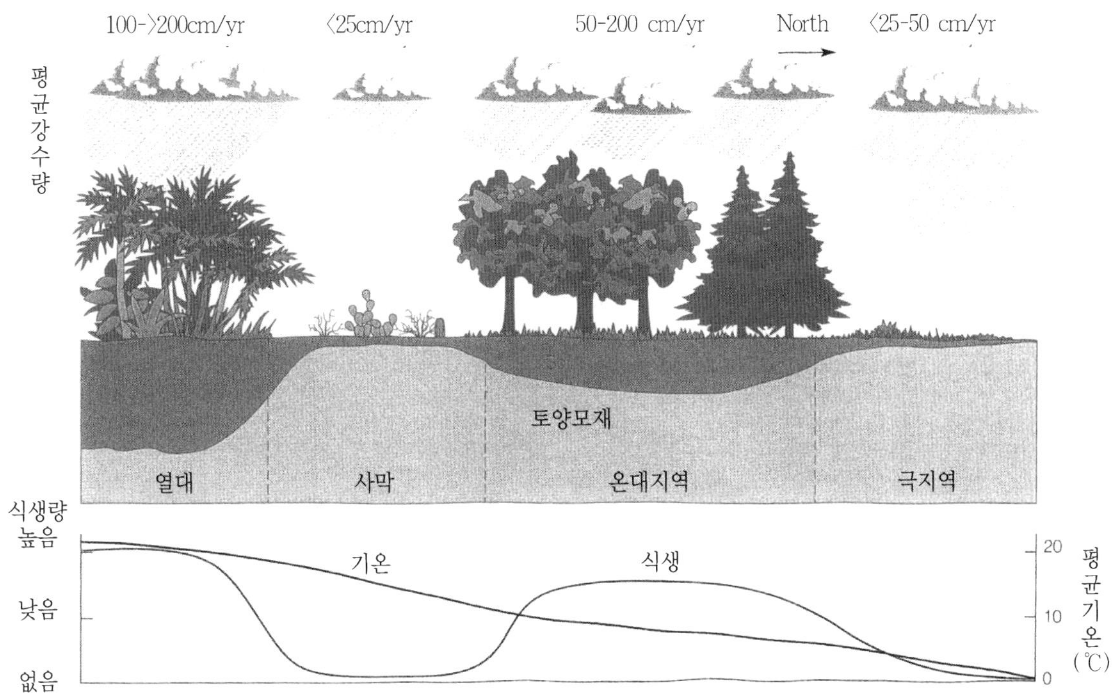

그림 82. 평균 강수량과 평균기온에 따른 식생분포

토양형성은 많은 강수량과 기온이 높은 곳에서 활발하다.

기온이 수직적으로 변화하는 식생은 산지에서 고도에 따라 분포되고 있다. 저지에서 산정까지 해발고도에 따라 식물이 수직상으로 분포되는 것을 식생의 수직분포라고 한다. 수직분포가 가장 분명하게 나타나고 있는 곳은 열대 지방의 고산지이다. 산록에서부터 열대림에서 산정의 한대림까지 수목대가 규칙적으로 배열되고 있기 때문이다. 히말라야산맥의 인도쪽에서 수종의 변화는 1,500m까지가 열대림, 1,500m~2,700m까지가 온대림, 2,700m~3,300m까지는 침엽수림대이다.

식물이 분포하고 있는 토양의 표층은 어느 일정한도까지의 물을 흡수할 수 있으나 그 이상은 유출시키고 만다. 식물의 생육가능성을 측정하기 위해서는 토양수분함량을 계산하고 증발산량도 구해야 한다.

토양수분은 국지적인 규모에서는 지형과 관련된다. 사면으로 된 지형은 반면에 배수가 불량한 완경사면과 낮은지대는 토양이 매우 습하다. 토성도 관련된다. 모래질토양은 역시 수분이 부족하다.

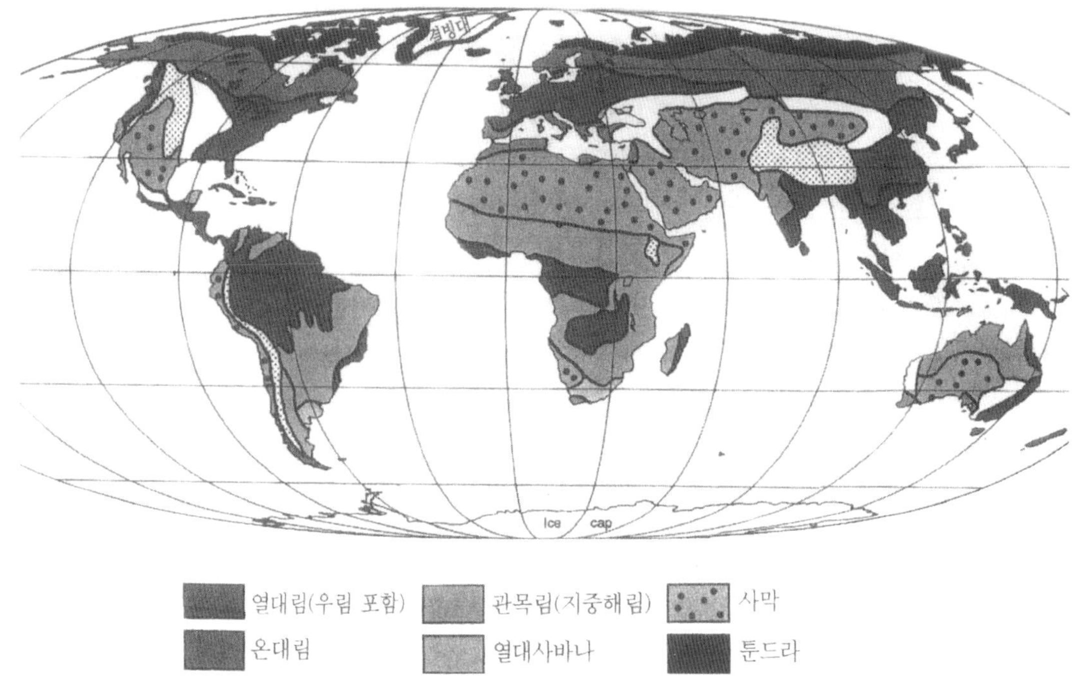

그림 83. 기후대에 따른 식생대의 분포

식생의 전 지구적 분포는 대기후의 지역적 특성의 결과이지만 미세한 기후의 차이도 식물경관은 예민하게 반영한다. 열대지방의 삼림은 많은 수종으로 되어 있고 기후조건이 한랭할수록 생육 가능한 식물의 수는 적다(그림 83).

토양과 지형도 이에 알맞은 식물이 생육한다. 토양은 입자의 크기, 수분, 유기물함량, 토양성분, pH에 따라서 여러 종류의 식물이 있으며 모래질 토양은 양분과 수분이 적으며 점토질토양은 유기물이 섞여 있어서 식물의 생육이 적당하다. 산도(酸度)는 보통 5-8에서 알맞으며 급경사의 지형은 토양층이 얇아서 빗물의 지표유출이 높다. 사면의 방향도 중요한데 일사량과 기온의 분포에 영향을 미친다.

습도와 안개일수도 식생의 발달에 큰 영향을 주고 있다. 바람은 꽃가루와 종자의 분산에 중요한 일을 한다. 기압의 변화도 식물의 생육에 간접으로 관계한다.

144

5. 세계의 자연식생 분포

1) 열대식생

열대식생은 적도를 중심으로 발달한 식생으로 열대우림(tropical rainforest) 또는 열대상록활엽수림(evergreen broadleaf tropical forest)으로 불린다. 연강우량이 1500mm 이상으로 많고 기온이 높아 상록활엽수가 밀림을 이루는 식생이다. 30m–45m 이상의 키 큰 수림이 빽빽하고 임관(林冠, canopy)이 치밀하며 수종이 다양하고 혼합되어 있다. 아프리카의 콩고분지와 아마존 분지의 셀바(selvas)는 세계에서 가장 무성한 열대우림 지역이다. 활발한 증발산작용(蒸發散, evaportranspiration)과 풍부한 햇빛으로 식물의 성장을 촉진시킨다. 습지에서 자라는 습생식물(hygrophytes), 덩굴식물인 만생식물(vine), 수많은 덩굴식물들과 얽혀져 나무에 부착해 사는 착생식물(epiphytes), 나뭇가지에서 뿌리를 내리는 기생식물(air plant) 등 다양한 생활형(life form)을 나타낸다. 열대에서 조금 벗어난 지역에는 강수량이 열대우림보다 적고 건조기와 우기가 교체되는 열대낙엽 수림지역이 있다. 여기에는 초원을 포함하면서 나무들이 산발적으로 분포하는 사바나의 소림(疏林)으로 건조기에 낙엽이 진다. 각종 초식동물과 육식동물이 살고 있으며 공원 같은 경관을 형성하여 주목을 끈다.

2) 중위도 낙엽수림

북반구 중위도에서는 열대식생에 비해서는 빈약하지만 키가 크고 잎이 넓은 연속적인 임관을 보이고 여름에는 무성하나 겨울에는 완전히 낙엽지는 삼림으로 온대우림(temperate rain forest)이라고 부른다. 따라서 명칭이 낙엽활엽수림(deciduous broadleaf forest) 또는 하록 낙엽수림(summer green deciduous forest)라고도 한다. 이것은 후빙기(postglacial)에 들어와 침엽수림과 경쟁에서 차지한 결과로 해석하고 있다. 그러나 아직도 침엽수와 혼합림을 형성하고 온대림의 대표적 식생으로 간주하

고 있다. 수종으로는 참나무, 신갈나무, 너도밤나무, 단풍나무, 소나무, 호두나무 등이
있다. 하층식생이 탁월하고 동백나무, 사철나무, 참식나무 등 잎이 작고 두꺼우며 윤
택이 나는 조엽수인 난대림73) 일부도 포함된다.

3) 한대식생

북반구의 한대기후 또는 아극지방 지방에서는 우점종(dorminant species)은 가문비
나무, 전나무, 소나무, 삼나무 등 침엽수림(coniferous forest)이다. 이 지역은 겨울이
길고 추우며 생장기간인 여름은 짧다. 나무들은 수지가 풍부하고 수피가 두껍다. 한
대의 침엽수림의 총칭은 타이가(taiga)인데 시베리아의 아극지방을 이르는 러시아 말
이다. 캐나다와 북 유럽에서 관찰되며 다른 지역의 식물군락과 뚜렷하게 다르다. 타
이가의 임상은 아주 단순하다. 단일 유형의 삼림으로서는 지구상에서 가장 넓은 곳이
다. 타이가는 광대한 습지 소택지(muskeg)가 많이 존재한다. 여기에는 키가 작은 관
목, 이끼, 초본식물 등이 지면을 덮고 있다.
　우리나라는 북부지방과 백두산 등 고산지대에 주로 분포하고 한대림(frigid forest)
으로 간주된다.

4) 초　원

초원은 초본식물이 밀생한 지역으로 일반적으로 건조와 저온으로 인하여 삼림이
형성되지 못하는 곳에 발달한다. 초원의 가장 큰 특징은 키가 2m에서 30cm에 이르
고 푸르며 봄에 시작하여 가을에 고사하는 일년생 벼과에 속하는 초본으로 천연의
목장으로 이용되고 있으며 토양은 비옥하다. 지면층(ground layer)과 지하층(below
ground layer)으로 구조화되어 있다. 일년생 초본은 3-4개의 층으로 크기가 서로 다
르다. 열대초원은 사바나초원이라고 하며 온대초원은 프레리(prairie)와 스텝(steppe)
으로 구분된다. 프레리는 북아메리카와 캐나다 남부에 걸쳐 분포하고 프레리토양으로

---

73) 상록활엽수라고도 한다.

146

덮여 있어서 비옥하여 농토지역으로 대치되었다. 아르헨티나의 팜파스(pampas)와 유럽의 헝가리의 푸스타(puszta)도 이에 속한다.

초원은 건기가 있는 대륙적 기후의 지역에 분포하는 사초류(莎草類)인데 북아메리카의 프레리(prairie)와 남반구의 아르헨티나의 팜파(pampas), 베네수엘라와 콜롬비아에 걸친 오리노코 평원의 야노(lianos) 등이다. 상록의 초원은 겨울에도 어린잎은 마르지 않고 푸르게 남아 있다.

스텝은 북위55° 남위45°에 걸쳐 나타나는 중위도의 광대한 초원을 러시아어에 의한 명칭이다. 따라서 중앙아시아, 우크라이나 몽고 및 중국의 화북지방까지 연결되어 있다. 기후학자 Köppen은 열대초원 까지를 스텝에 범위에 넣어 다소 혼란을 가져오지만 온대건조 지역의 30-50cm의 단경초원(short grassland)을 가리킨다. 북아메리카에서는 프레리가 끝나는 곳에 일부 관찰되고 있다. 스텝에서 생성된 토양은 비옥한 흑토(黑土) 또는 체르노젬(chernozem)이 발달된다.

온대초원에는 토양층 A층과 B층 사이 미분화적인 특징을 가진 토양이 된다. 고온에서 토양을 통한 수분의 전체적인 이동이 아래쪽보다는 위쪽에서 약간 심하다. 이러한 토양을 pedcal(석회토양)이라 부르고 하향 이동하는 pedalfer(철 알루미늄 토양)과는 구별된다.

5) 사막과 툰드라

사막은 식생이 빈약하며 암석과 사구(sand dune)가 넓게 분포되어 그 위에 식생이 자라고 있다. 저온으로 또는 고온의 사막과 건조로 인하여 초본식물이 드문드문 군락으로 산재해 있다. 열대사막은 대륙내부 건조기후 지역에서 분포되고 한랭사막은 고위도 지방과 고산지 삼림한계선 이상에서 분포하고 툰드라(tundra)도 이에 속한다. 특히 툰드라는 여름이 짧아 교목이 자라지 못하고 초본식생이 지배적이며 영구동토층(permafrost)이 있어서 긴 여름철 토양층이 녹아서 수분이 풍부함으로 초본식물성장에 유리하다. 해안사막(strand desert)은 직접 해안에 면하여 발달하는 사막으로 염분에 의하여 생기는 간조선 부근의 염생초원과 사초가 지배적이다. 사막식생의 경관은 사바

그림 84. 툰드라 경관

툰드라는 초본식물로 형성되어 있다. 여름에는 낮의 길이가 커서 식물은 일찍 꽃이 피고 결실한다.

나 소림과 유사하며 가시가 많은 선인장(cactus) 식생이 대표적이다(그림 14).

툰드라는 기후가 한랭하고 짧은 여름을 이용하여 식생이 나타나는 지역으로 1년생 풀과 지의류가 주종을 이룬다. 낮이 24시간 계속되어 식물의 발아 개화, 결실이 빠르다(2개월 내에 이루어져야 하므로). 캐나다의 북극해안 지방과 시베리아 북동부 그리고 중위도 2000m 이상의 지역도 이에 해당된다(그림 84).

6. 기후와 식생

기후는 어떤 물리적 조건보다 식물의 분포와 식생경관에 중요하다. 그러나 기후만이 식물의 성장을 조절하기보다 다른 요인과 더불어 식생에 영향을 미친다. 강수와 기온 그리고 바람이나 일사량 등 기후요소 가운데 하나에 변화가 생기면 다른 기후

148

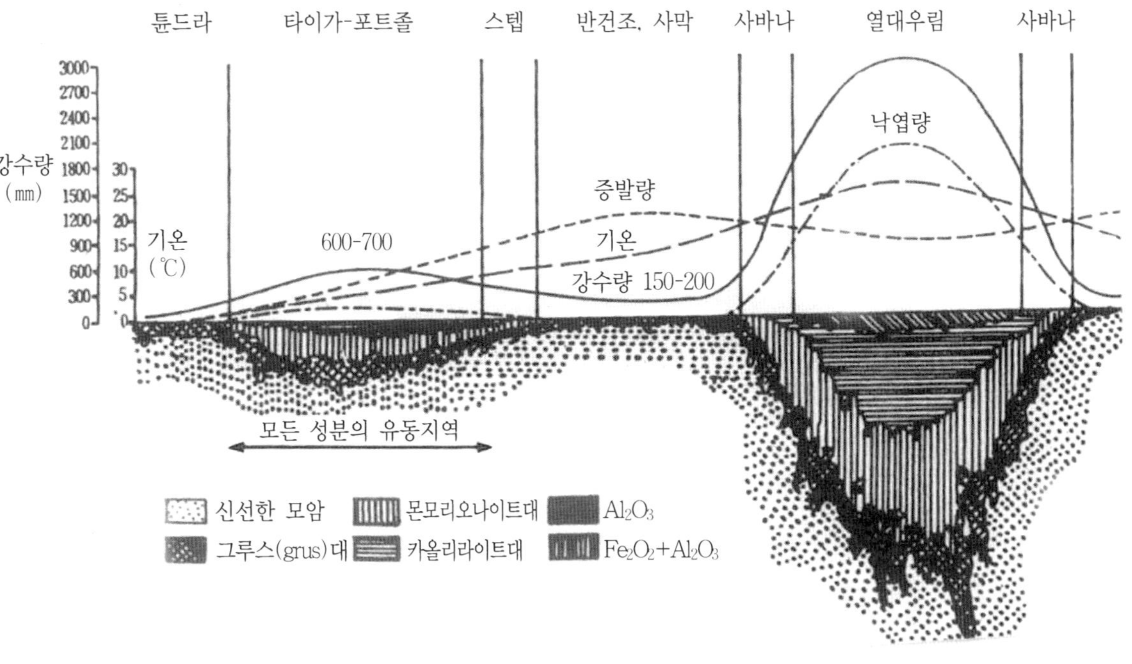

그림 85. 기후조건과 식생 그리고 풍화대의 형성

도표는 강수. 에너지. 증발산 등이 식생대와 토양풍화대를 보여준다.

요소에도 영향을 주게 되며 그것이 식물 생존에 결정적이 될 수 있다. 일사량이 낮아지면 기온이 내려가고 습도는 높아지고 그곳에 자라는 식물도 영향을 받는다. 열대 또는 아열대는 기온이 높고 강수량이 많아 열대우림이 나타난다. 기온은 비슷하나 계절에 따라 강수량이 감소하면 열대계절림이 발달한다. 기후가 더 건조해지면 초원 사이에 가시가 많은 나무가 드문드문 자라는 사바나가 형성된다. 온대에서 기온이 높고 강수량이 많은 지역은 상록활엽수 또는 푸른 잎 넓은 잎 나무지대가 차지한다. 더욱 건조해지면 삼림대신 숲 또는 소림(疏林)으로 바뀌며 관목숲(scrub)과 초원으로 식생이 달라진다. 고위도와 고산대는 기온이 한랭하여 타이가 와 툰드라가 자리하고 있다.

기후조건이 양호한 곳에서는 식생의 생육이 활발하므로 토양 내로 유입되는 유기물질의 양이 많아지지만 고온다습한 지역에서는 부식화가 빠르고 토양의 심층풍화대가 이루어져 쉽게 유실되므로 기후조건에 따라 큰 차이가 난다(그림 85). 기후는 어

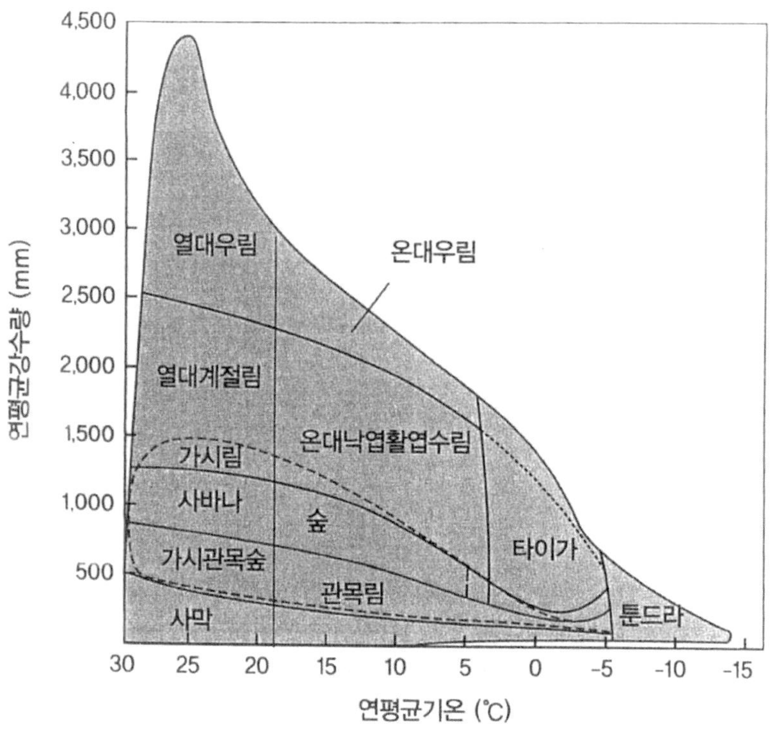

그림 86. 기온, 강수량과 식생의 관련도

떤 물리적 조건보다 식생분포와 식생경관에 중요하지만 기후가 홀로 식물의 생장을 조절하기보다는 다른 요인과 더불어 식생에 양향을 미친다. 특히 기온과 강수량에 따라 식생대의 분포는 달라진다(그림 86). 온대에서는 기온이 높고 강수량이 많으면 상록활엽수 또는 온대우림이 발달하는 것이 그 사례이다. 온도의 주기적인 변화는 빛, 습도 등의 변화와 더불어 생물의 주기적 변하를 지배하므로 온도차이로 인한 대상구조와 층상구조가 형성된다. 온도 습도(강수)의 상호작용의 중요성을 고려하여 그림 86과 같이 표시할 수 있다.

또한 초지의 토양은 삼림의 토양보다 표토의 유기물 함량이 적지만 깊이 들어 갈수록 증가한다. 인간에 의한 경작지 토양은 유기물의 유실이 급속하여 주변의 토양에 비하여 유기물 함량이 낮으나 시간이 경과하면 새로운 평형상태가 이루어진다.

11

자연환경과 생태계의 특성

1. 생태계의 특성

생태계(生態系, ecosystem)[74]는 Humboldt와 Darwin의 자연과학 업적을 기초로 하여 독일의 Haeckel이 1866년 처음으로 생태학(ecology)이란 새로운 분야를 생물학 중의 일분과로 설정하였다. 그에 의하면 생태학은 생물과 자연환경과의 관계를 다루는 기능학이라 하고 있다. 그에 의한 환경(Umwelt)은 생물을 둘러싼 외계의 사물 가운데서 그 생물의 생활에 영향을 끼치는 모든 것을 뜻한다. 생물은 주변의 환경과 에너지와 물질을 교환하며 또한 그러한 자극을 받아 생활하고 있다. 그리고 환경과 다양한 형태로 기능적으로 관련되어 있기 때문에 비교적 가깝게 생물을 둘러싸고 있는 사물들이 그 생물에게 있어서의 구체적인 환경이 된다. 또한 생물에 대한 환경의 영향은 생물의 반응으로서 나타나게 된다. 환경요인(environmental factors)은 햇빛, 온도, 대기, 수분, 토양 등의 무기적 환경과 생물적인 유기적 환경으로 나누고 있다.

---

74) 이러한 용어는 영국의 Tansley(1935)가 최초로 사용하였다. 그는 생태계가 바이옴(biome)과 서식처(habitat)라는 2가지 요소로 구성된다고 하였다.

환경결정론적 사고에는 인간도 바이옴(biome)의 한 구성요소로서 다른 생물체들과 차이가 없는 것으로 보는 경향이 있다. 인간은 생태계의 한 구성요소에 불과하다는 것이다.

2. 생태계의 형태와 기능

연못이라는 하나의 생태계를 볼 때 거기에는 생산자로서 식물 plankton과 그 밖의 녹색식물이 있고 소비자로서 직접 생산자를 먹는 1차소비자(primary consumer)와 1차소비자를 섭취하는 2차소비자(secondary consumer)가 있으며 차례로 3차, 4차의 단계가 있다. 또 소비자를 분해하는 박테리아와 균류는 분해자(decomposer)로서의 역할을 하고 있다. 생태계에 관한 좋은 실험자료로 Odum(1971)은 연못을 예로 들어 무생물계, 풀, 유역, 소규모 생태계, 태양에너지 등 5가지에 대해서 각각의 특징을 설명하고 있다(그림 87).

이상의 예로 보듯이 생물군은 에너지의 전달단계에 따라 다수의 계층군으로 구분되는데 이러한 생물군락의 상하관계, 즉 식물연쇄의 각 단계를 영양단계(trophic level)로 부르고 있다. 그 관계를 요약하면 표 8과 같다.

표 8. 생태계의 영양 단계

영양단계	식이단계	실 례
1	1차생산자	육상생태계의 녹색식물(독립영양생물)
2	1차소비자	양, 가축(초식동물)
3	2차소비자	육상육식동물(육식동물) 토양 미생물(토양중의 초본 잔존물을 분해) 해양 육식동물
4	최고육식동물	일반적으로 살아 있는 동안에는 먹힘을 당하지 않음(사자 등)

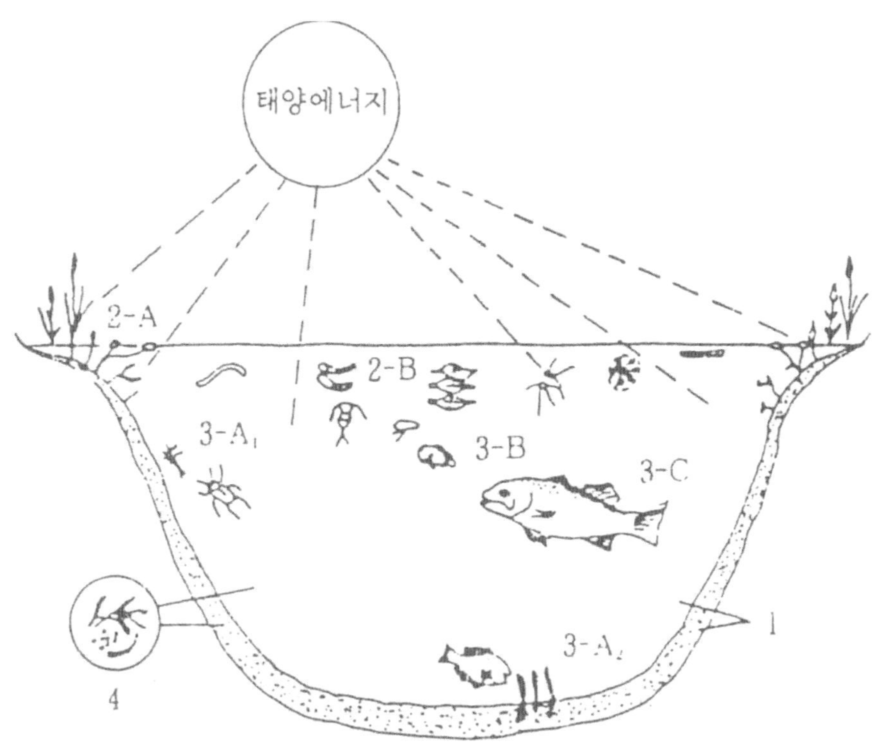

그림 87. 작은 연못의 생태계 및 기본적 단위

1: 무생물질: 기본적인 무기 및 유기 화합물
2-A: 생산자: 뿌리를 가진 식물
2-B: 생산자: 식물 plankton
3-A₁: 1차소비자(포식자): 저처형 저서생물(benthos)
3-A₂: 1차소비자(포식자): 동물 plankton
3-B: 2차소비자(육식자)
3-C: 3차소비자(2차육식자)
4: 부식자: 부식의 박테리아 및 균

 일정한 생태계 내에서 종(species)이나 종들이 수행하는 불변의 기능을 생태적 기능(niche)이라고 한다. 예를 들면 세계 각지에 분포되어 있는 초원 생태계에는 비록 종은 다르다고 하더라도 유사한 기능을 수행하는 종이 있다는 것이다. 생태적 기능에 영향을 미치는 요소를 들어 보면 크게 자연환경적 요소와 생물적 요소, 복합적 요소 등으로 나눌 수 있다. 자연환경적 요소로는 고도, 사면의 방향, 토양수분과 비옥도 등의 자연환경 요소와 관련된 것과 생물적 요소는 생물체의 분포밀도, 적응도, 번식력 등이고 복합적 요소는 계절, 일시, 먹이의 크기 1차소비자와 2차소비자와의 비율 등이다.

생태적 기능은 3가지로 특징된다. 첫째는 생태계 내의 에너지의 흐름이 다양하며 여기에 따라 생태계가 보다 안정된다. 둘째는 일정한 종들이 제거 내지 소멸될 경우 에너지의 흐름은 방해를 받고 생태계 전체의 구조와 안정성에 영향을 미친다. 이러한 종들의 소멸현상은 오염이나 과도한 착취, 자연환경의 급속한 변모 등에서 발생한다. 셋째는 우점종은 비우점종보다 더 넓은 생태적 기능공간을 가지며 또한 동일한 생태적 기능을 갖는 종은 공존할 수 없다.

3. 육상생태계와 수상생태계

1) 육상생태계

지구의 기본 생태계는 여러 유형의 개별적 생태계 혹은 생태계 집단적으로 구성된다. 육상생태계는 수생생태계와 구별되는 특성은 대기와 물의 물리적 성질의 차이라는 것이다. 대기에 비하면 물은 훨씬 밀도가 높고 점성이 크며 비열 기화열 등도 크다. 이러한 차이는 생태학적으로 중요하다. 육상생태계의 일반적인 구조와 특성을 토대로 밀림, 사바나, 초지, 툰드라 등 5개의 집단으로 세분된다. 또한 온도와 습도에 따른 지리적 차이로 다수의 생물군계(biome)로 나눈다. 생물군계는 광범위한 기후적 유형과 연관되어 있는 생물지리적 단위이다. 지역에 따라 유사한 생물지리적 특성을 지닌 생태계의 복합체로 형성된 것이다(그림 88).

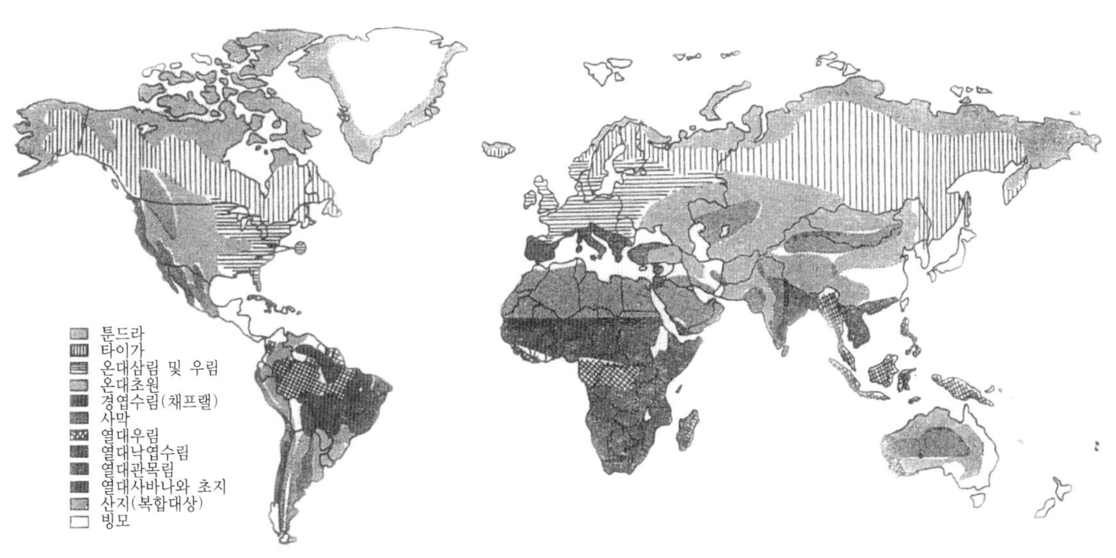

그림 88. 지구 기후대와 일치한 육상 생물군계(biome)의 분포

밀림생물군계는 서로 다른 많은 생태계로 구성된다. 전체 밀림은 육지표면의 30%를 차지하면서 총육지 생산량의 약 67%를 차지한다. 밀림 생물군계 중 열대우림이 첫 번째이다. 이 밀림생물군계는 가장 큰 생물량(biomass)과 가장 큰 생물종, 가장 높은 생산량을 나타낸다. 열대유림지역이 지구상에서 차지하는 면적은 전체 육지면적의 35% 정도이지만 전체 육상 식생의 약 1/3의 생산량을 보인다. 기타 밀림 생물군계는 유럽, 아시아, 북미 등 중위도 지역의 광활한 내륙벨트를 이루고 있지만 벌목과 농업 및 도시화로 많이 훼손되어 있는 온대와 중위도 밀림대가 포함되어 있다. 온대 밀림은 생태계 중에서 생물량과 생산량에 있어서 중간 정도이다. 온대 밀림의 북쪽은 상록침엽수인 북방삼림대(boreal forest)가 있다. 여기에는 북미와 유라시아 대륙의 거대한 아한대 지대에 형성되고 있다. 길고 혹독한 아한대지역 겨울의 영향을 받는 아한대 밀림은 밀림 생물군계에서 가장작고 가장 적은 양의 생산량을 보인다. 그러나 지구상 지리적 범위로는 지구상에서 가장 넓고 연속적인 밀림 생물군계를 이룬다. 지구상에서 가장 심하게 제한을 받는 생태계는 사막과 툰드라지역으로 여기서의 습도와 열은 가장 큰 통제 요인이 되고 있다. 따라서 생산력, 종의 수, 생물량은 매우 낮다. 초지생태계는 이미 언급한 생물군계 중에서 중간 정도이고 목초 생산은 막대하

다. 사바나생물군계는 역시 중간 정도로서 일반적으로 열대초지와 밀림의 혼합으로 특징된다. 이 생태계는 열대우림의 변두리에 존재하고 있는데 여름에는 풍부한 강우로 식생을 키우지만 겨울에는 따뜻한 기온과 함께 심각한 겨울 가뭄으로 식생의 성장을 제한하는 계절적 특성을 가진 생태계이다.

2) 수상생태계

물을 매질로 하고 있는 수상생태계는 육상생태계와 현저한 차이가 있다. 바다에서는 하나의 넓은 구역으로 되어 있는데 적도 인근의 위도에서는 높은 생산력을 보이는 폭넓은 구역이 존재하고 극지방으로 갈수록 낮아지는 생산력을 보인다. 또한 해수의 깊이와 순환에 따라서도 상당한 차이가 나타난다. 생산력, 생물량 그리고 종의 다양성은 대륙붕에 있는 얕은 해저에서 최대치를 보인다. 이보다 가까운 곳의 만과 갯벌 그리고 해안습지에 있는 비교적 조용한 해수에서는 생태적 활동과 종 다양성은 크게 나타난다. 해안선의 물리적 다양성에 따라 각기 다르게 나타나고 삼각주환경은 종 다양성이 높고 생물학적 생산력이 높다. 삼각주의 지형은 많은 서식처를 한꺼번에 제공하기 때문이다. 정지수(standing water)는 일반적으로 폐쇄성이 강한 수괴로서 수온의 계절적 변화에 따른 물의 정체(stagnation)와 순환(circulation)이 수중에 물질이나 생물의 상층적인 분포와 순환에 큰 의의가 있다. 이에 반해 하천이나 수괴의 흐름이 현저한 호소나 해안은 상하층이 완전히 혼합되나 깊은 경우에는 어느 한 층의 물만이 움직인다. 호소나 해양은 그 모두가 육지로부터 여러 가지 영향을 받는데 최근에는 이러한 경향이 강하여 부영양화(eutrophication)나 수질오염(water pollution)이 현저하여 지고 있다. 결국 수생 생태계가 유기 물질로 채워져서 산소가 부족해지고 어종 등 많은 생물에 변화가 생겨 감소를 가져온다. 인간에 의한 빠른 속도로 진행되는 현상은 문화적 부영양화(cultural eutrophication)라고 전 세계적으로 수생생태계에서 발생하고 있다. 더구나 따뜻한 지역과 도시화 및 농업지역 등 토지이용이 심하게 하는 지역에서 빠르게 진행되고 있다. 수생생태계를 이루고 있는 생물적 부분을 생활형(life type)에 따라 보면 다음과 같다.

플랑크톤(plankton)→ 유영력이 없고 부유생활의 생물군

유영동물(nekton)→ 어류와 같이 다소 크고 유영력이 있다.

저서생물(benthos)→ Haeckel이 명명한 것으로 조간대나 물밑에 살고 있는 생물
　　　　　　　　　(조개류)

4. 생물지리학

　생태학의 주요 목적의 하나는 식물과 동물의 분포와 이에 영향을 주는 여러 가지 요인을 이해하는 데 있다. '식생은 그 지역의 얼굴'이라고 할 만하며 현재의 세계 각지의 생물의 종류의 비교, 지질적인 것(지질시대를 통하여 어떻게 생겨났는가)과 고생물학적 바탕으로 지리적 구분과 그 원인을 조사한다. 대상에 따라 동물구와 식물구로 하여 동물지리학과 식물지리학으로 나눈다. 동식물을 포함하여 공간적 시간적 분포를 연구하는 학문을 생물지리학(Biogeography)이라고 하는데 생태학과 밀접한 관련이 있는 분야이다. 생물의 지리적 분포는 수평적 분포와 수직적 분포로 나누어 볼 수 있다. 수평적 분포는 위도와 경도에 따라 공간적으로 퍼진 상태이며 수직적 분포는 해발고도에 다라 식물의 분포양상을 말한다. 동물보다 식물의 분포가 지역성을 더 잘 나타낸다.

　고유종(endemic species)의 분포역(분포권)은 과거에 넓은 지역을 차지하고 있었으나 현재는 국한되어 있는 곳에만 남아 있는 것이며 세코이아(sequoia)를 들 수 있다. 고유종은 대양의 섬이나 고산지역에 격리된 장소에 많다. 지구상의 각 지역의 식물상을 비교하여 구계구분(區系區分)을 한다. 방법으로서는 식물군과 공통의 발상지를 가지는 식물군과 고유종군이 공존하는 것으로 구분한다(그림 89).

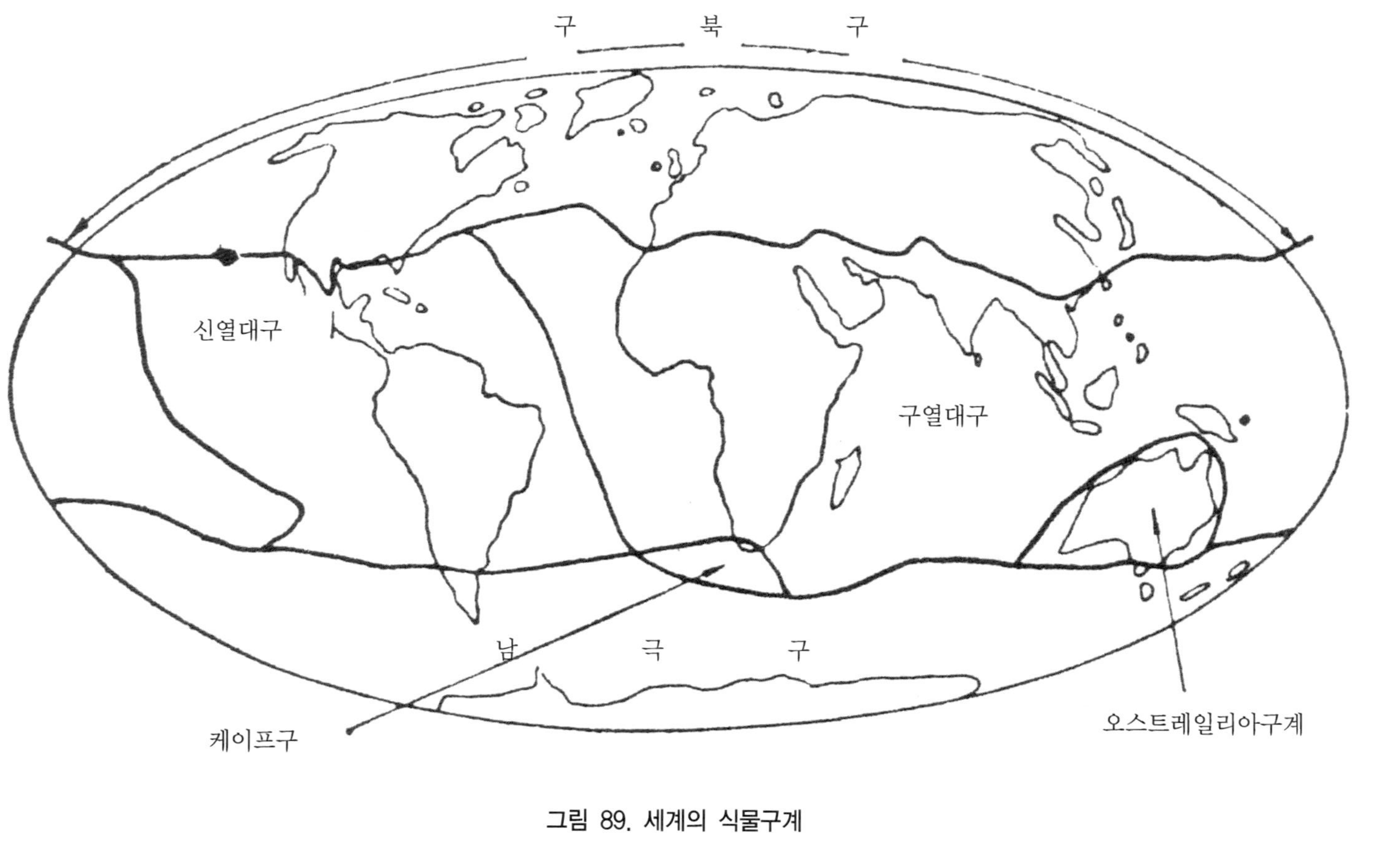

그림 89. 세계의 식물구계

유사한 식물상을 나타내는 지역을 연결한 것이다.

토양환경

　지각을 덮고 있는 고결되지 않은 부드러운 물질로 기반암석의 최종 풍화생산물이다. 토양은 장기간에 걸쳐 토양생성작용을 받아 뚜렷한 토양층이 발달한 지표의 물질이다. 여기에는 각종의 물리, 화학, 생물의 작용을 받아 지표환경과 평형을 이루는 동적인 자연체이다. 토양은 식생과 더불어 환경에 변화가 일어나면 반응을 나타내며 환경과 조화를 이룰 때까지 적응해 진화한다.

1. 동적자연체로서 토양

　토양(土壤, soil)은 암석이 물리·화학적 그리고 생물학적인 작용을 받아 깨지고 분해된 물질로서 지표의 외각을 덮고 있는 쇄설성물질(碎屑性物質)을 총칭하여 말한다. 여기에는 무기물, 유기물, 물 그리고 공기의 4가지 구성요소로 된 자연체로[75] 기반암에서 광물질이, 부패된 유기체에서 유기물질이 공급된다(그림 90). 부피의 50%는 광물질과 유기질 그리고 나머지 50%는 물과 공기이다. 토양의 주요특징은 토성, 구조,

---

75) 토양은 고체, 액체, 기체의 세가지 형태로 되어있다. 무기물, 유기물은 고체형태이며, 토양수와 유기산은 액체형태 그리고 토양공기는 기체성분이다. 기후조건에 비율이 달라진다.

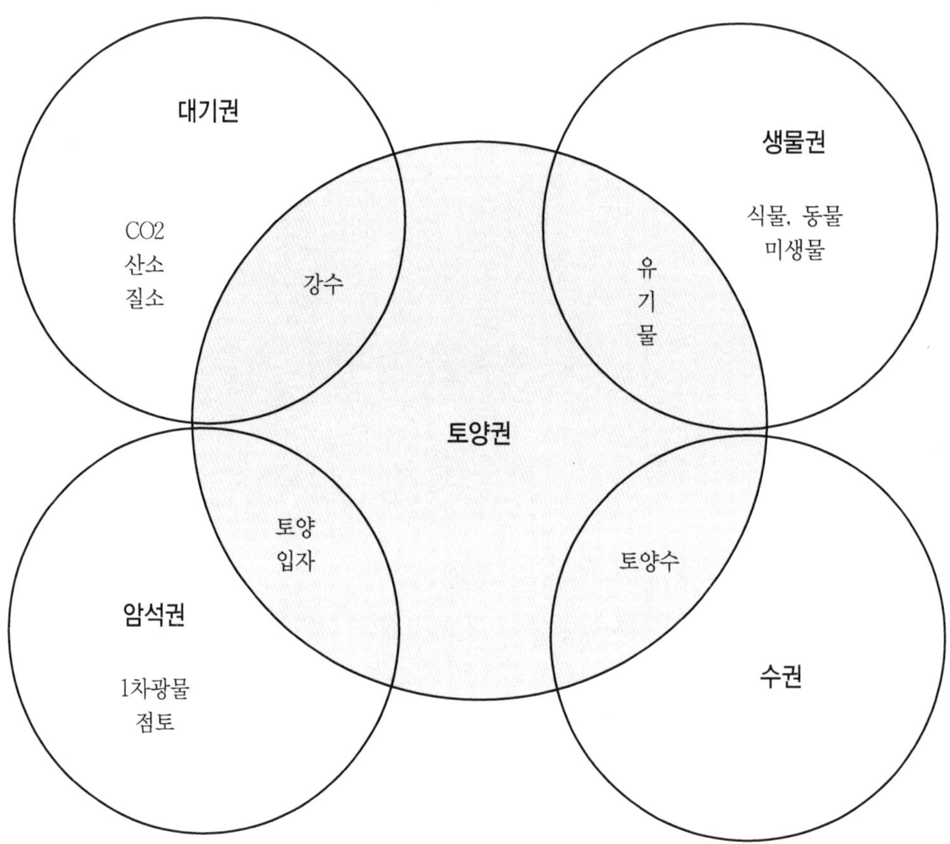

그림 90. 지구4권과 토양권과의 관련도

유기질, 생물, 공기유통, 수분함량 및 산도(pH)이며 이들을 파악하기 위해서는 토양단면, 토양의 유형, 생산성의 조사가 요구된다.

암석이 풍화된 상층부를 지칭하는 것으로는 지리학에서 풍화층(regolith)라고 하는데 이 regolith는 토양의 모재(母材)가 되는 부분이고 수십 미터까지 이르기도 하여 심층풍화층[76]으로 불리며 무시할 정도로 얇은 층에 이르기까지 매우 다양하다(그림 91). 한자의 "土"는 지평선상의 초목이 생육하고 있는 상태로 상형문자화한 것이고 "壤"은 부드러운 흙을 말하고 있다.

---

76) 화학적 풍화층이며 영어로는 deep weathering이다.

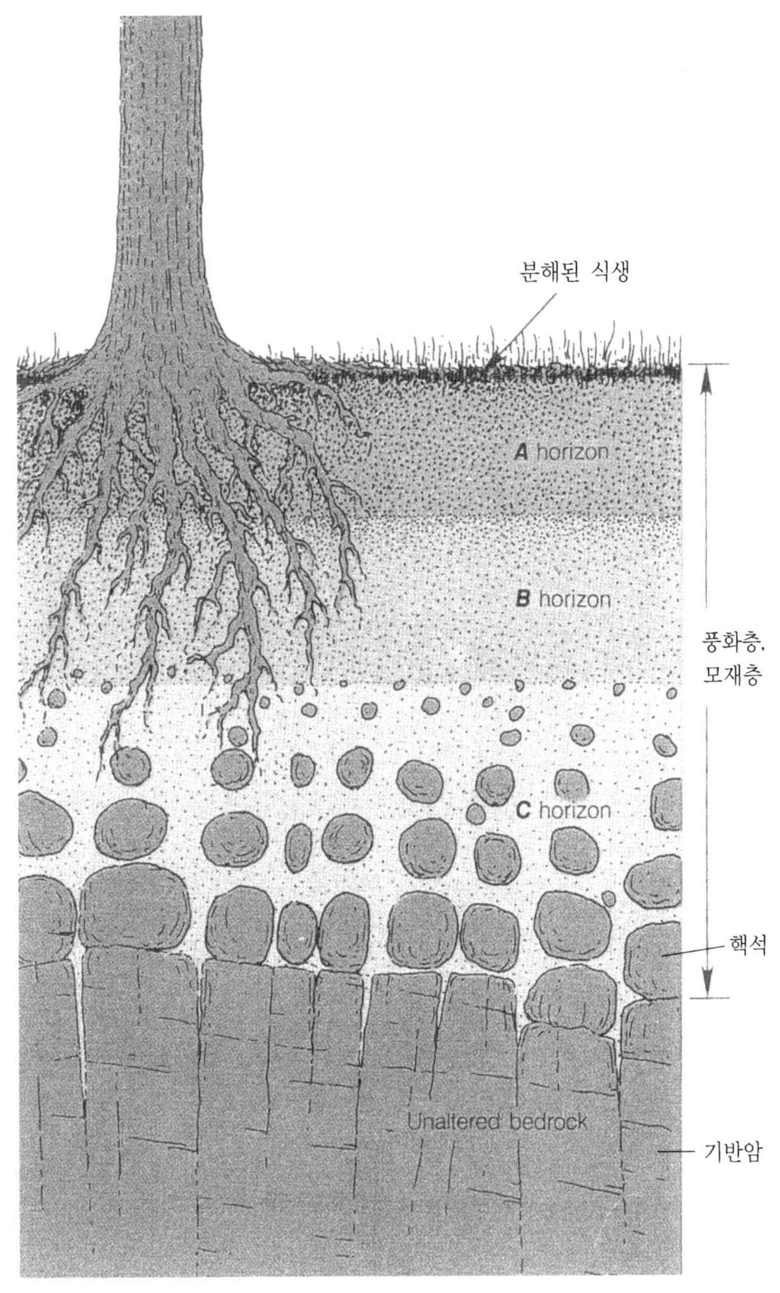

그림 91. 토양과 토양모재

화학적, 물리적 풍화작용으로 기반암괴를 붕괴시켜 작은 입자로 생성됨을 보인다.
A, B, C, D층(horizon)이 뚜렷하다.

161

토양은 물리적으로 약하고 공극이 많으며 화학적으로 토양수에 의하여 토양 내 이동이 가능하여 생물체를 지탱시켜 주고 양분을 공급한다. 암석의 풍화 산물의 분해, 이차광물의 생성, 토양층 내에서 물질의 이동 등은 토양환경의 형성과 연구에 있어서 중요하게 다루어진다. 따라서 토양은 암석의 풍화산물과 생물체로 된 단순한 지각표면의 최상층에서 기후와 물과 공기와 이곳에서 살고 죽는 생물의 영향으로 동적으로 변화 생성되는 동적 자연체(dynamic natural body)[77]라고 규정 지게 되었다.

토양이 형성된 후라도 여러 인자가 끊임없이 작용함으로 토양은 정지 상태에 있는 것이 아니라 환경에 따라 항상 변하고 있으므로 동적자연체라고 간주하게 되는 것이다.

2. 토양형성과 특징

1) 토양의 형성

토양형성에 있어서 모래나 실트만으로는 아무런 구조적 배열을 나타내지 못한다. 그 이유는 점토에 의한 결합력을 갖지 못하기 때문이다. 토양상층과 B층은 물의 흡수와 공기의 유통량에 대하여 대단히 중요하다. 곰팡이와 균사에 의하여 토양입자가 물리적으로 결속될 수 있다. 또한 점토는 음전기를 띠므로 Ca^{++}, Fe^{+++}, H^+와 같은 양이온을 통하여 체인과 같은 무기화합물에 의하여 화학적으로 결속되어 있다. 입자 상호간의 결속은 안정성을 유지하고 입단 서로간의 분리는 개별입단의 크기와 모양을 좌우한다. 토양에서 점토에 의한 큰 입자(모래)의 결속은 그림 92와 같다. 평평한 모양의 점토는 서로를 끌어당기며 물의 장력은 건조가 진행되면서 더욱 평평한 입자로 만든다. 결빙작용 또한 건조화와 유사하여 수분이 고갈됨으로 공극을 크게 한다.

---

77) '동적자연체'라는 것은 토양이 암석의 풍화물질인 토양모재가 시일이 경과함에 따라 동식물의 작용이 가해지고 용탈 집적이 일어나 환경 조건의 영향을 받으면 층위의 분화가 발생한다.

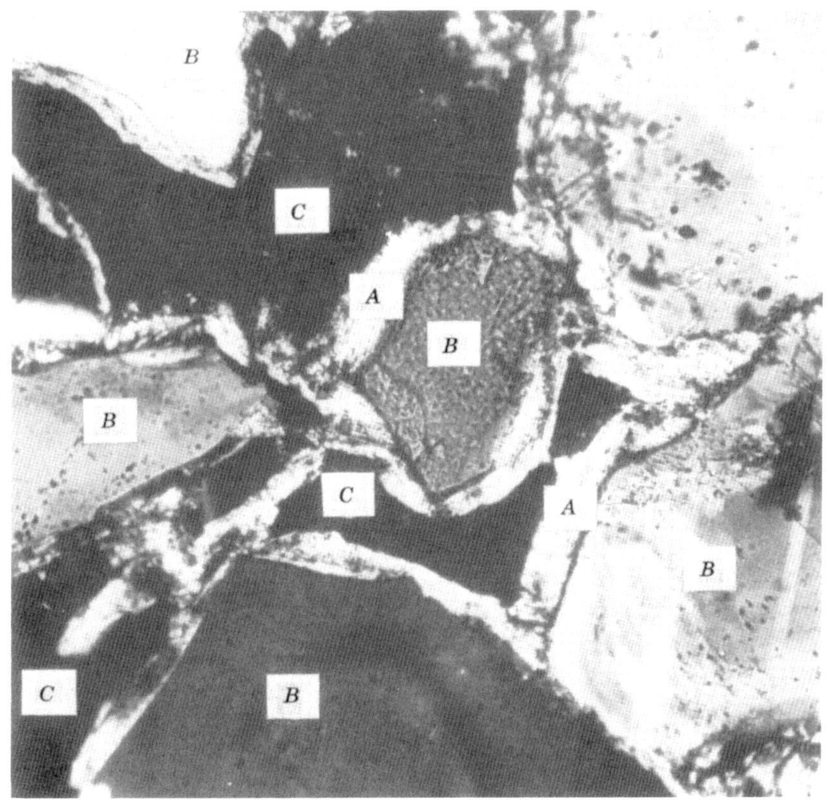

그림 92. 사질토양의 박편모습

점토가 모래알위에 집적된다. 집적된 점토는 점토코팅(clay coating)이라 하고
모래입자를 연결시킨다. A는 점토코팅, B는 모래입자, C는 공극이다.

2) 토양의 형성결과

토양의 형성결과는 단면에서 파악된다. 토양생성작용이 진행되고 토양모재로부터
토양이 형성되면 명확한 층이 발달한다. 지표에서 수직으로 파 보면 토양단면(soil
profile)이 나타나는데 야외에서 관찰할 때 지표와 평행하게 대략 일치하는 서로 다른
몇 개의 토층(soil profile)이 존재한다(그림 91, 93).

토양단면이 토양체의 특징을 나타내는 것이며 지형, 기후, 식생 등에 따라 성질을
달리하는 다양한 토양이 발달한다. 삼림토양과 밭토양 또는 기후대에 상응한 토양 가
운데 유사한 토양을 묶어 분류가 가능하다.

토양의 특징은 토양의 단면에서 파악된다. 토양생성 작용이 진행되고 토양모재로부터 토양이 형성되면 명확한 층이 발달한다.

일반적으로 토양에는 색깔이나 조직, 물질들이 기후의 영향을 집중적으로 받으며 유기물질의 집적으로 토양단면에서 층위의 분화가 생긴다. 이러한 현상은 토양수의 이동, 결빙과 융해로 인한 물질의 변화에 따른 것이다. 토층은 지표면에서부터 아래로 A, B, C층으로 구분된다. 토양단면의 파악은 토양의 생성기원과 생성인자의 작용을 알 수 있고 토양분류에 필수적이다. 성숙한 토양(mature soil)은 표토가 생긴 후 장기간 (수백 년－수만 년)이 지나면 부식질인 유기물이 많아지고 표토는 두꺼워 진다. 토양

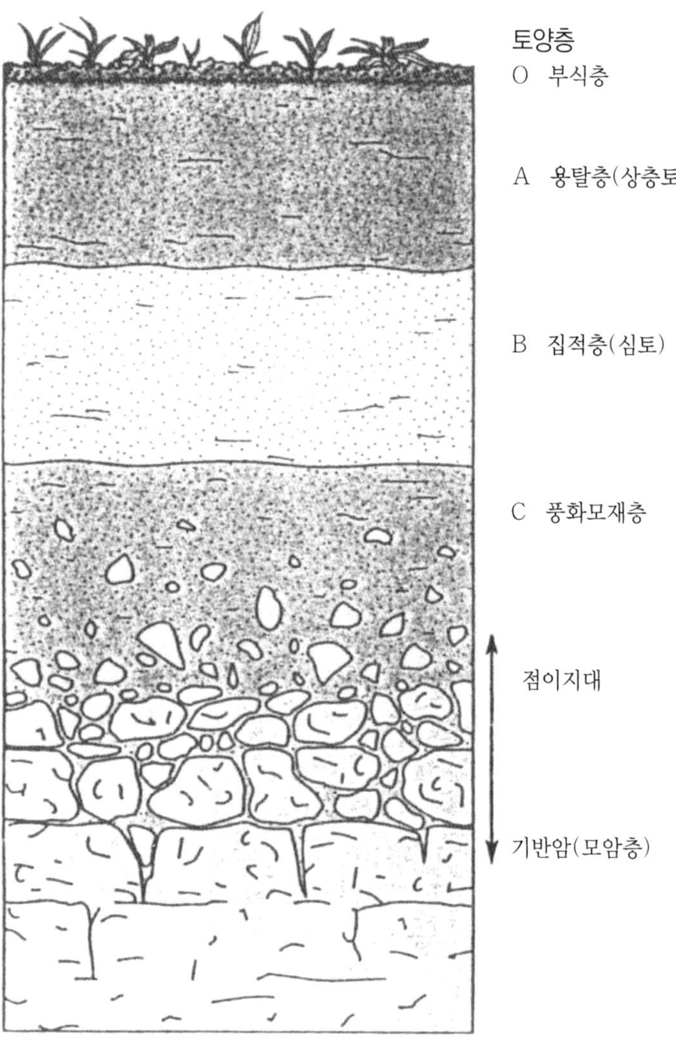

그림 93. 토양단면

기반암석으로부터 발달하는 것으로 각 층은 색, 조직, 구조 등이 서로 다르다.
구성물질의 다양성에 따라 단면의 깊이가 다르게 나타난다. 점토와 철분은 물질의 수직이동과 집적에 의하여 형성된다(집적층).

속에 스며든 용해물질과 콜로이드 상태의 성분과 점토가 밑으로 내려가 적당한 깊이 모인다. 기반암은 더욱 낮아지고 토양층은 두꺼워져 심토(深土)가 되는데 이것을 성숙토라고 한다.

（가）　　　　　　　　　　　　　　（나）

그림 94. 습윤환경에서 토양형성과(가) 건조환경에서 토양형성(나)

3) 토양단면의 특성

대부분의 토양은 뚜렷한 다수의 층으로 나눌 수 있다(그림 92). 유기물질이 많은 표층은 A층이며 B층은 A층 아래에 있다. B층은 많은 특징을 가진다. 즉 점토의 집적, 적색의 빛깔, 철분의 집적, 풍화와 용탈 작용에 의한 용해성분의 제거로 발생하는 물질의 잔류집적과 $CaCO_3$의 집적, 기타 용해된 염분의 집적 등이 있다. C층은 B층의 아래에 있고 풍화되지 않은 기반암의 R층이나 토양모재가 있다(그림 93과 94의 가).

A층은 지표환경의 영향을 가장 많이 받으므로 변화가 다른 층보다 현저하다. 단면

165

의 최상층으로 표토(topsoil)이라고 한다. 식물이 부식되어 부식층(humus)이라 부르고 진한색(암색)을 띠고 있다. Ao층은 유기질로 되어 있고 낙엽층(Litter)이다. A1층은 무기질과 유기질이 혼합되어 흑색을 띠고 건조한 상태로 되어 있다. A2층은 가용성무기질, 점토, 용탈이 잘 이루어져 토양색이 퇴화되어 담색 또는 담회색을 띠고 있어서 표백층(용탈층)이라 부른다. 포드졸토양에서 잘 관찰된다. B층은 A층과 C층 사이의 점이적인 부분이고 A층에서 용탈되는 가용성의 점토, 부식, 철분 등이 집적되는 부위(집적층)이다. 건조토양은 염분과 석회의 집적이 현저하다(Bca층).

규산질 점토량이 풍부하고 공극내의 토양입자들이 붉은 색을 띠며 수평구조로 된 것은 Bt층이다. C층은 토양의 모재이며 암반과 풍화층으로 된 부분이다. 풍화의 다양한 단계에 있는 물질을 포함한다. 미고결된 제4기 퇴적물질이 이동되지 않고 제자리에서 형성된 것이다. 지형학적으로 세프롤라이트(saprolite)층이며 기반암반의 형태와 조직을 그대로 유지하고 있다(그림 43). C층 아래의 glei(G)은 지하수위가 높은 저습지와 배수가 불량한 곳으로 산소의 공급이 불충분하여 화합물이 환원상태(FeO)로 되어 청색, 청회색을 띤다.

건조환경에서 탄산염분의 형성은 토양형태와 성인에 중요한 역할을 하게 되는데 특히 탄산염분이 많은 층은 K라고 한다. 토양형성된 탄산염층이 기준K층에 미달되면 Bk라고 한다(그림 94의 나).

4) 토양내 물질의 이동

토양 내 물은 상승과 하강하면서 이온과 교질물을 운반한다. 토양 내 한 지대에서 무기이온이 제거되는 것을 용탈(leaching)이라고 한다. 이 과정은 토양 내에서 이온이 낮은 곳으로 재이동되거나 세척(wash)되는 것으로 특징된다. 세척현상이 이온뿐 아니라 교질물과 관계가 있다면 세탈(eluviation)이라 하고 토양 내에서 이와 같은 프로세스에 의해 물질이 손실되는 층을 세탈층(zone of eluviation)이라고 한다.

이온과 교질물의 하방이동은 성토층 내의 특정부분에서 중단되고 그 지점에서 물질이 집적되거나 쌓이면 집적층(zone of illuviation)이 형성된다. 집적층은 두께가 수

cm에서 5m에 이르며 토양수분의 균형과 관계가 깊다.

집적층에서 대량의 교질물과 생물질이 유입되면 입자 사이의 공극이 막히게 되어 원래의 입자들을 고결시킨다. 용탈이 심하게 일어나는 토양에서 경반(hardpan)이나 철각(duricrust)이라 불리는 콘크리트와 같이 단단하게 집적층이 형성된다.

습윤열대 지역은 비가 많이 오는 지역으로 철과 알루미늄 산화물질이 하부토양까지 집적되어 라테라이트(laterite)라고 불리는 두꺼운 층이 형성된다.

미국 남서부의 건조지역에서처럼 수분균형이 제대로 이루어지지 않는 곳에서는 광물질이 풍부한 물이 토양층을 통과하지 못하고 지표면 아래의 10-30cm에 이르는 부분까지만 침투할 수 있다. 따라서 물이 증발하면 탄산칼슘과 나트륨이온이 상부층에 퇴적된다. 이 결과 스페인 어원에서 기원한 캘리시(caliche)라는 단단한 각질의 표토가 만들어진다. 건조지역 가운데 관개수가 토양에 공급되는 곳은 용탈이 증가하고 염분이 아래쪽으로 씻겨나가 염분이 성토층 내에서 집적되어 토양을 황폐케 하는데 이러한 과정의 토양형성을 염류화(salinization)로 알려져 있다. 여기에서 지하수가 상승하면 토양 내의 염분은 지표면으로 옮겨지며 계속적으로 수분이 증발하면 결국은 성토층이나 토양표면에 퇴적하여 하얗게 되는데 이러한 토양을 염류토양, 즉 알칼리토양(white alkaline soil)이라고 한다(그림 94의 나).

한랭한 지역에서 토양이 결빙하게 되면 토양층 내에서는 렌즈, 바늘(서릿발) 등의 형태로 토빙(土氷, ground ice)이 생성된다. 토빙이 형성되는 현상을 석출빙(析出氷, ice segregation)이라 하며 이 과정은 토양수분의 이동과 결빙전선(freezing front)의 진행으로 물질이 이동한다. 결빙으로 토양층이 교란되는 것이다. 토양의 구성물질은 재조직되고 원래의 토양구조는 다른 모습으로 변형된다. 토양수분이 빠지면서 공극이 수축 건조화 되어 압력이 발생한다. 따라서 조직이 치밀해 지고 단단해 진다. 얼게 된 땅이 단단해지는 것이다. 렌즈모양의 토빙(ice lens)은 토양수가 충분히 있을 때 발달한다. 토빙은 2-3mm 정도이다. 이러한 과정은 제4기 최후빙기에 생성되었고 상당한 깊이까지 진행되어서(심층결빙, deep freezing) 고토양78)(paleosol)으로 현재까지 보존되고 토양학적, 기후학적, 지형 및 고고학연구 분야에 관심이 되고 있다.

---

78) 과거의 기후환경에서 생성된 토양을 말한다.

3. 토양구조와 토성

토양의 구성성분들이 서로 물리적으로 결합하여 배열된 상태를 토양구조(soil structure)라고 한다. 토양은 다양한 크기의 입자로 되어 있으며 이들 입자는 토양의 집합체인 입단(粒團, aggregate)을 이루고 있다. 그리고 입단은 수분의 보유 공기의 유통에 필요한 공극을 이루고 있다. 토양구조는 토양에 포함된 화학적인 성질, 점토와 유기물질의 함량, 토양 미생물의 활동, 습윤과 건조, 동결과 융해 등에 따라 영향을 받고 있다. 토양구조에는 우선 4가지가 있는데(그림 95) 입상(granular)은 외관이 구상이고 입단이 둥글다. 건조한 조건 하에서 생성되고 유기물질이 많은 곳에서 발달한다. 괴상(blocky)은 다면체를 이루고 밭토양과 삼림토양에서 발견된다. 주상(columnar)은 토양입자가 세로로 수직형으로 배열되고 반건조지역의 심토에서 생성되며 알칼리성토양에서 발견된다. 판상(platy)은 입단의 배열이 얇은 판자모양이나 렌즈상이고 논토양이나 습윤지역의 토양 A층에서 발달한다.

토성(soil texture)은 기반암석의 풍화산물인 무기물로서 자갈에서 모래 실트를 거쳐 점토에 이르기까지 크기가 다양하다. 토성은 풍화층 regolith에서 분리된 개별 입자들이다. 토양삼각좌표 그래프(soil texture triangle)는 모래, 실트(미사, silt), 점토의 비율로 구분하고 있다(그림 96).

점토가 많은 토양(식토, 埴土)은 수분 보유력이 크지만 통기성이 불량하다. 모래가 많은 토양(sand)은 그와 반대로 보수력은 작지만 통기성은 양호하다. 토립(soil particle)이 지나치게 크지도 않고 너무 미세하지도 않은, 즉 모래와 점토분이 적당한 비율로 혼합되어 있으면서 유기물질이 섞여 있으면 식물생육에 이상적이다. 점토입자[79]는 음전기를 띠고 있어서 화학적으로 중요한 역할을 한다. 따라서 점토는 철분, 칼슘, 마그네슘 등 양이온(+ion)을 흡착하는 능력을 보유하고 있어서 영양소로 식물 뿌리에 공급하고 있는데 이것을 양이온 치환능(cation-excahange capacity, CEC)이라고 한다(그림 97).

---

79) 점토는 2μ 이하 크기의 규산염으로 된 광물로서 결정질이며 kaolinite군, montmorillonite군, illite군으로 나눈다.

괴상구조

입상구조

판상구조

주상구조

그림 95. 토양구조의 분류

토양입경과 기후환경에 의하여 결정된다.
토양구조는 토양수의 이동과 지표침식에 중요한 영향을 준다.

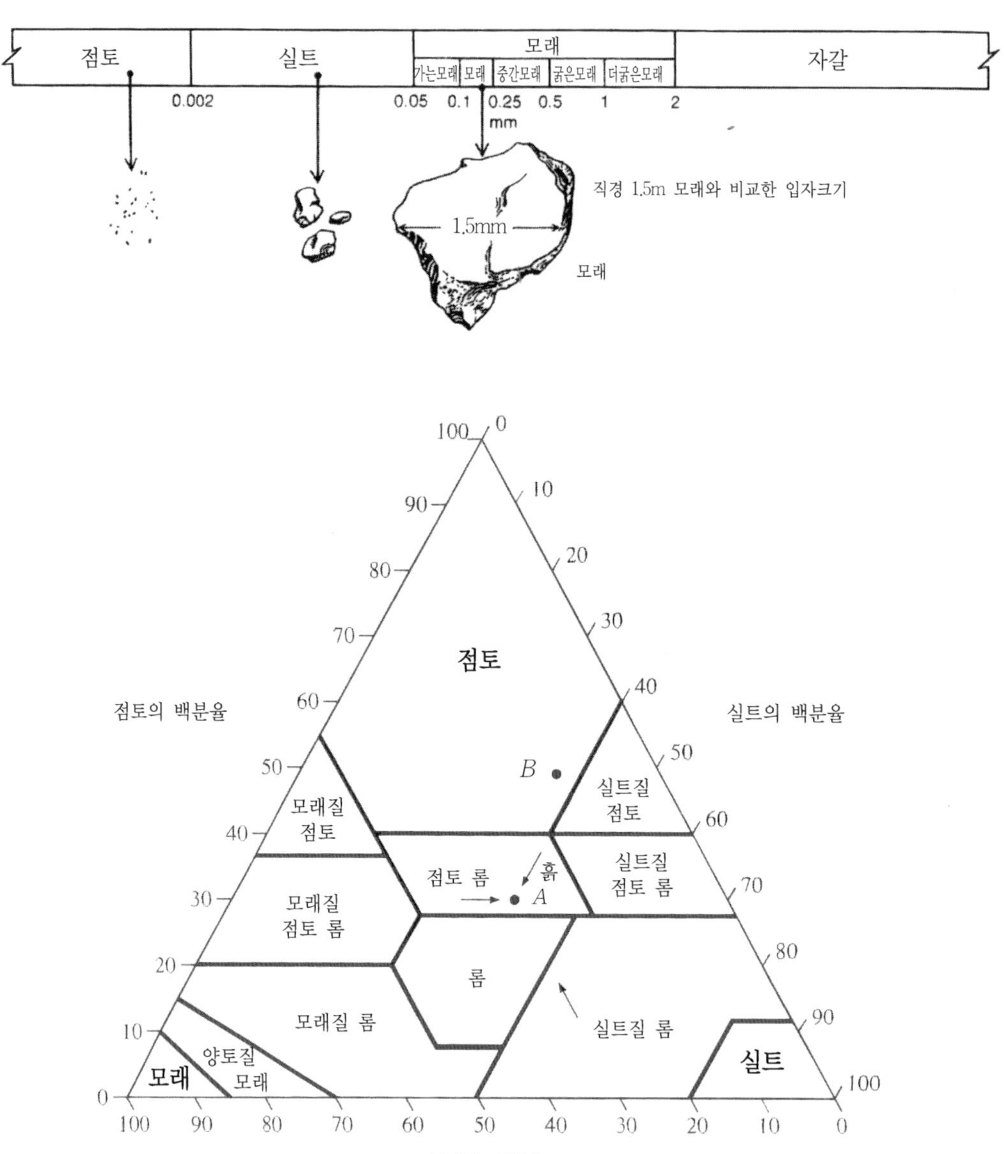

그림 96. 토성 삼각표

토양의 종류는 입자 구성비율의 차이에서 기인한다.

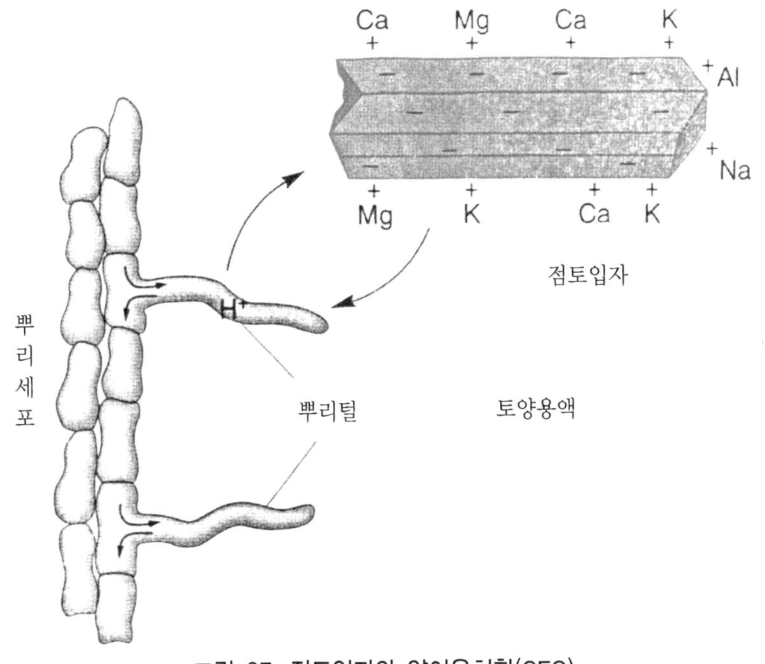

그림 97. 점토입자와 양이온치환(CEC)

점토입자는 음전기를 띠고 있다.

점토는 암석의 풍화과정에서 생성된다. 대부분의 점토는 화학적 메커니즘에 의해 암석을 조성하는 장석, 운모 등 1차광물의 결정구조가 퇴화되거나 변형 및 와해되어 새로운 광물결정체로 생성되므로 이차광물(secondary mineral)이다. 결정구조는 규소(Si) 원자 하나에 산소(O) 원자 4개가 둘러싼 결합모습의 Si 4면체와 알루미늄(Al) 원자 하나에 6개의 산소가 둘러싼 모습의 Al 8면체를 기존요소로 하여 이들 주변에 금속원소, 즉 K, Na, Ca, Mg, Mn, Fe, Al 등이 결합되어 있다. 화학적 풍화가 계속 되면서 일차광물 결정체에서 금속원소가 떨어져 나오는 초기단계에서 chlorite라는 점토가, Si 4면체와 Al 8면체가 이루는 층들이 서서히 와해되는 단계에 이르면 vermiculite, smectite라는 점토가 생성된다. Al 8면체의 층들이 와해되면 새로운 광물결정체를 이루는 단계에 도달하여 kaolinite, meta-halloysite라는 점토가 생성된다. 이러한 점토는 풍화환경을 잘 반영한다.

4. 토양색과 토양수분

토양에서 쉽게 관찰되는 것은 토양의 색이다. 토양의 색은 토양발달과정과 밀접한 관련이 있다. 토층단면을 기술할 때 중요한 사항으로 되어 있다. 흑색토니 갈색토니 적색토 등은 토양색에 의한 토양분류이다. 토양착색의 원인은 주로 철분과 부식(腐植, humus)이며 그 밖에 칼슘분, 석회분, 점토광물성분 등이다. 특히 유기물질이 혼합될 때 흑색이 현저하다. 토색의 짙은 정도는 산화철(酸化鐵) 함량에 따른다. 토양색을 기재할 때는 표준토색첩인 문셀 토양 차트(Munsell Soil Chart)가 있어서 현장에서 대조하여 확인한다. 토양수(soil water)는 식물생육에는 절대적이며 토양 내에서 수분의 이동에 따른 물질의 이동은 토양형성과 지형발달 그리고 토양침식에 중요하다.

토양 입자표면에 강하게 부착되어 식물이 이용하지 못하는 물은 결합수(combined water)라 하고 중력수(gravitational water)는 비가 오거나 관개수로 물이 많게 되면 토양중의 모세관을 채우고 토양공극을 통하여 중력에 따라 흘러내리는 물을 말한다. 토양입자 사이에는 미세한 공극이 있는데 이것이 모세관이다. 이 모세관에 채워지는 물이 모세관수(capillary water)이다. 이물은 공극이 모세관 역할을 하는데 표면장력에 의하여 흡수 유지되는 것이다. 모세관수는 식물이 이용함으로 유효수분이라고 한다. 건조기에 밭에서 김을 매는 일은 토양 모세관을 끊어주기 때문에 수분상실을 막는다(건조농법).

5. 주요 토양

토양형성 환경요인 중에서 기후와 식생이 중요하며 토양의 지구상 분포는 기후대와 거의 일치한다. 기후대와 일치하는 토양을 성대토양(zonal soil)이라고 부르고 있다(그림 98).

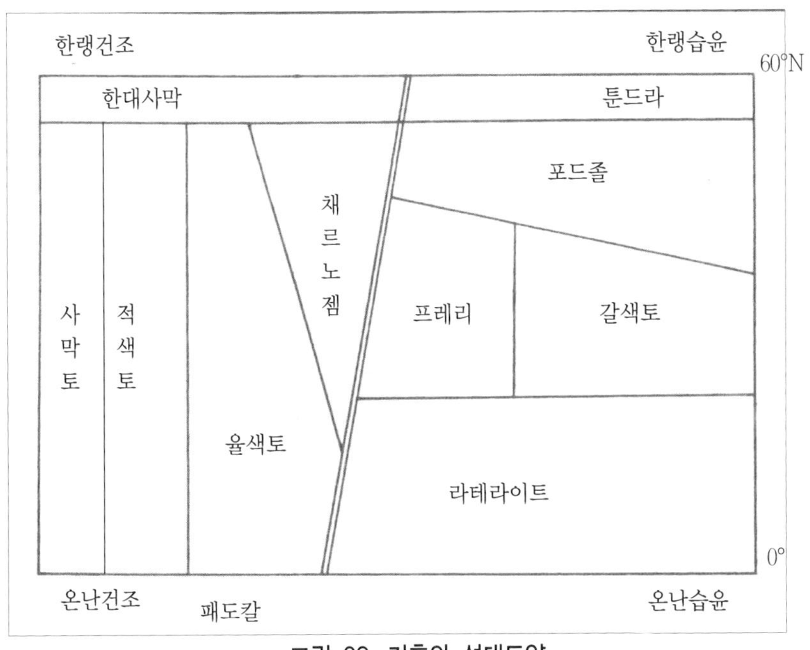

그림 98. 기후와 성대토양

기후차에 의하여 다양한 토양대(soil zone)이 나타난다.

1) 라테라이트

벽돌색이라는 라틴말에서 유래하여 Laterite토양으로 불리고 있는데 인도에서 적색토를 가지고 건축재로 사용한 것으로 알려져 있다. 남·북위 20°의 열대우림에서는 기온 25℃와 강우량 2000-4000mm이다. 물의 배수가 양호하며 따라서 풍화작용과 부식화가 빠르며 용탈이 급속하여 많은 낙엽이 생산되지만 양분이 쌓이지 않는다. 생성된 다량의 카올리나이트(kaolinite) 광물은 불안정하여 Si^{+4}부분이 빠져나와 $Al(OH)_3$ 같은 알루미늄 수산화 광물을 생성시켜 깁사이트(gibbsite)로 변한다. 이러한 성분을 보크사이트(bauxite)라 한다. 즉 극심한 풍화를 받았다는 것을 제시한다. 양이온과 염기는 Fe, Al, Mn이 보다 많이 소실된다. 이것은 염기나 규산이 용탈하고 철분이 주로 남아있는 상태이다. 토양은 Fe가 침전됨으로 붉은색이나 황색이고 점착력이 감

그림 99. 라테라이트 토양(인도)

토양층은 철각층, 부화층, 표백층으로 이루어진다.

소한다. 습할 때는 비교적 부드러워 경작이 쉽지만 건조하면 단단하여 열대지방에서 건축재로 쓰고 있다. 이 토양은 대단히 오래되어 형성되는데 지질시대 제3기까지 이른다. 화학적 풍화가 상당히 깊어 20m 이상에 달한다(그림 99).

다습한 열대지방의 라테라이트화 작용을 받아 Fe, Al이 많은 적색의 흙의 총칭으로 지칭한다. 이것은 염기나 규산이 용탈하고 철분이 주로 남아 있는 상태이다. 토양단면은 지표면의 철각층, 일정한 깊이의 부화층 그리고 모암의 분해물로 표백된 분해층 등 3부분으로 되어 있다. 점토광물로 이루어져 화학적으로 안정되어 있는 토양이다.

2) 포드졸

한랭 습윤한 지방의 토양으
로 침엽수림하에서 포드졸화 작
용(podzolization)받은 토양이다.
표토층에는 미생물이 활발하지
못하여 유기물의 부식이 안 된
퇴적층이 10cm 정도 있고 미사
질의 규산이 많은 A2층이 포드
졸의 가장 큰 특징을 나타낸다
(그림 100). 포드졸(podzol)의
층은 주로 모래로 구성되고 회
백색을 띤다. B층은 집적층
(illuviation)으로 미립물질이 많
고 조직이 치밀하다. 두께는
50cm 정도로 두꺼운 편이다.

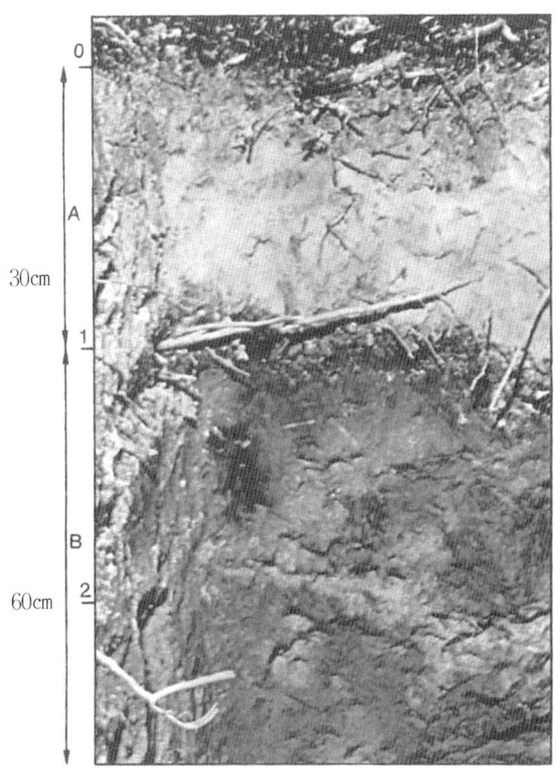

그림 100. 포드졸(podzol)의 토양단면

A2층이 회갈색을 띠고 있다.

3) 갈색토

한랭에서 온난에 이르는 중간기온으로 다습한 환경에서 세계 각처에서 널리 분포
한다. A층은 암갈색 또는 갈색을 띠고 부식과 점토가 많으며 oak, beech, birch 등의
삼림하에서 비옥하게 발달하기에 갈색삼림토(brown forest soil)로 불리고 있다. 철분
이 거의 이동하지 않고 불안정하여 쉽게 포드졸로 될 수 있다. 초본류도 풍부하다.

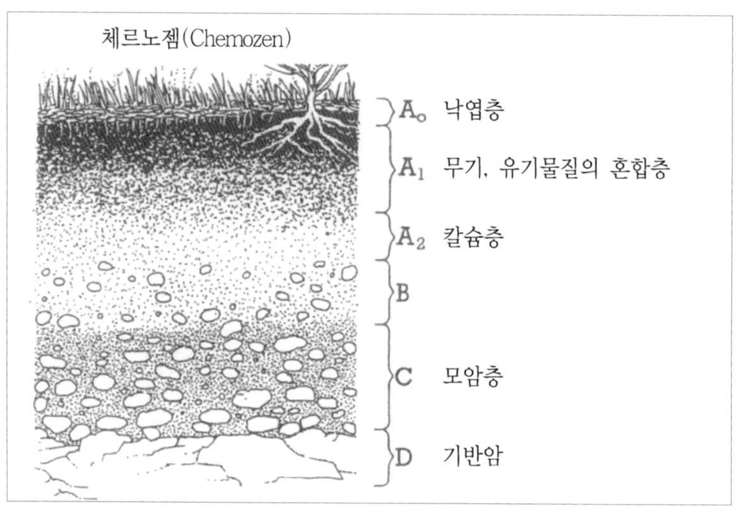

그림 101. 체르노젬의 토양단면

4) 체르노젬

러시아어로 흑색토양(black soil)의 뜻으로 온대 · 냉대의 반건조지역 초원에서 생성되는 토양이다. 봄철은 동결되었던 수분이 녹아서 풀이 나고 여름은 건조해져서 풀이 고사한다. 지표에는 다년생 초본의 두꺼운 유체가 미생물에 의하여 분해된 부식층이 있다. 토지 생산력이 가장 높으며 칼슘과 쉽게 결합한다. 토양층은 그림 101과 같이 A층은 8－10% 이상의 부식(humus)을 품고 흑색을 보이며 C층은 $CaCO_3$를 많이 품고 있다.

자연환경과 인간

환경(environment, Umwelt)은 여러 가지로 정의되지만 대체로 인간의 환경과 인간을 제외한 자연을 중심으로 한 환경으로 크게 구분된다. 인간의 환경은 인간을 둘러싸고 있으면서 인간에게 주위 환경의 영향을 받고 있다. 인간은 인간의 생존을 허용하는 일정한 범위의 환경 안에서만 생존할 수 있다.

자연적인 요소는 이미 논의해 온 지구, 위치, 기후, 지형, 식생, 토양, 물 등이며 이러한 환경 구성요소들은 기능으로 상호작용을 하는 하나의 체계(system)를 이루고 있다.[80]

이 환경체계는 근본적으로 태양이다. 태양에서 운동에너지를 얻으며 점차 진화하여 나간다. 환경체계 내의 구성요소들은 각기 독특한 기능과 작용이 있지만 모든 요소들이 서로 조화를 이루고 있을 때 안정된다. 환경체계의 구성요소에 급속한 변화가 발생하고 환경체계가 여기에 적응하지 못하면 환경에 교란이 일어나고 환경문제가 발생하기 시작한다. 환경교란(environment disturbance)은 삼림벌채, 노천광, 토양경작 등 환경의 물리적 파괴활동이다. 이 파괴의 힘은 새로운 기술, 소비성의 증가, 급

---

80) 이러한 체계를 환경체계(environemntal system)라고 한다.

속한 인구증가이다. 환경문제는 어느 지역에서의 환경문제로 다른 문제를 수반하는 것과 같이 지리적으로 상호 연결되어 있다.

1. 환경문제의 등장

지구의 기후환경은 지구가 생성된 이후 장구한 시일에 걸쳐 다양하게 변화(change)를 거듭하였고 짧은 시간 내에서도 수많은 변동(fluctuation), 진동(oscillation)을 해 왔다. 지구촌은 무더위, 가뭄, 홍수, 강풍, 폭우 등 이상기상이 빈발하고 지구온난화, 산성비, 오존층 파괴 등 인류의 생존문제를 위협하는 사건들은 환경문제를 야기하고 있다. 현대는 실로 지구환경의 시대이다. 우리는 지질시대 신생대 제4기 홀로세(Holocene)의 46억 년 지구사의 끝에 있다.

최근에 이르러 환경문제에 대한 관심이 전 국민적으로 확대되어 있고 이에 대한 교육과 국가적인 정책도 활발하다. 그러나 자연환경에 대한 인식은 아직도 낮은 수준에 머무르고 있다. 이러한 문제 중 가장 큰 것이 자연환경의 오염문제이다. 오염(pollution)이란 인간에 의해 직접 간접으로 오염물질이 대기와 지표, 해양, 토양을 통하여 자연환경으로 유입하고 그로 인한 생태계의 파괴와 동식물의 피해를 초래하며 자연환경 가치의 감소 등이다.

도시화에 따른 각종 쓰레기, 대규모 건축공사, 스모그현상 등과 세계적으로는 기후이상과 오존층의 파괴, 무절제한 삼림남벌, 토양유실 등은 우리의 생존을 위협하고 환경의 문제는 생태계를 다루는 전문학자의 영역이라기보다 우리인간의 삶과 존재와 직결되는 문제로 다가온다. 도회지와 도시부근의 등온선은 그림 102와 같이 나타내는 경향이 있다. 특히 인공건물이 빽빽이 들어선 곳의 기온은 가장 높다. 이러한 등온선의 모습은 그 모양과 변형에 따라 도시열섬(urban heat island)이라는 이름으로 불려지게 되었다. 기후에 대한 지형적인 영향이 외견상의 열섬을 이루는 데 도움이 되지만 그 섬은 도시가 있다는 직접적인 결과로 인한 인공적인 것임을 나타내 줄 수 있

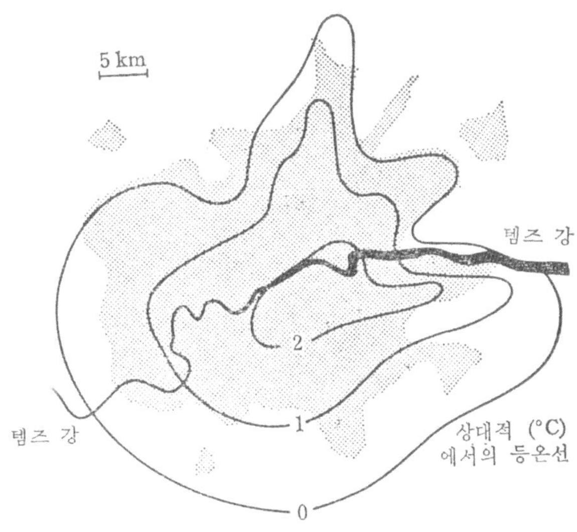

그림 102. 도시의 열섬 효과를 나타내는 등온선
(London시의 경우)
°C 단위로 나타낸 상대적 온도

는 훌륭한 사례가 되고 있다. 열섬의 고도(height of the island)가 도시의 인구증가와 함께 증가한다. 지구온난화현상은 히말라야 고산지대의 빙하가 연간 9-10m씩 급속히 녹으면서 인도와 네팔 등 남부 아시아 주민 수억 명이 홍수와 물부족, 기근에 직면해 있다고 2007년 9월 뉴욕타임즈(NYT)가 보도 한 바 있다. 세계의 지붕으로 불리는 히말라야 산맥에는 수천 개의 빙하가 흩어져 있다. 이 빙하들은 인더스강, 갠지즈강 등 남부아시아 10여개의 주요 강의 발원지이다. 유엔 기후변화위원회는 여기의 빙하가 녹으면81) 앞으로 30년간의 홍수와 그 이후 물부족이 현실로 다가 오고 있다고 보고서를 낸 바 있다.

---

81) 인도정부의 후원을 받는 히말라야 지질연구소는 해발 4000m고지의 초라바리 빙하의 변화를 추적하였다. 여기에서는 이 빙하가 3년간 27m나 상류로 밀려 올라 갔으며 두께도 4.5m 얇아졌다. 1990년 이후 파르바티 빙하는 52m나 올라갔고 주변의 빙하 5분의 1이 사라졌다.

2. 환경문제에 대한 견해

근래에 우리 사회가 이와 같이 환경과 환경문제에 각별한 관심을 가지게 된 것은 경제성장과 더불어 환경의 질적 저하와 환경파괴가 심각한 수준에 이르렀던 것이 주요한 이유이다. 자연환경에 대한 긍정적인 인식과 시각을 갖는 것, 즉 환경은 예나 지금이나 변함없이 인간의 삶의 무대이고 환경으로부터 필요한 자원을 얻고 있으며 환경과 조화를 이루는 것이 중요함을 깨닫고 주지시키는 것이 이 시기에 적절한 대책이다.

자연환경은 인류의 생활무대이고 자연환경은 그 자체가 대단히 광범위하고 복잡하여 이해하는 데 어려움이 많다. 그러나 자연환경에 초점을 맞추어 여러 현상들이 어떻게 서로 관련성이 있는가 하는 데 힘써야 될 것이다.

인간생활은 자연환경인자들과 더불어 지구자체의 성격과 움직임, 특히 태양과의 관련에 따라 크게 영향을 받고 있다. 달과 같이 태양주위를 돌고 있으면서 밤과 낮, 계절 및 기후차이를 일으킨다.

인간이 환경을 총체적으로 잘 알고 이해하기 위해서는 자연환경을 연구대상으로 여겨온 학문분야를 사례로 들어 연구 동향과 접근방법을 잘 살피는 것이 좋을 것이다. 예를 들면 자연지리학의 경우 자연환경을 대상으로 주요구성 요소들의 시·공간적인 여러 연구 분야에 어떠한 것이 있으며 연구경향은 무엇인지를 파악하는 것도 도움이 된다(그림 103). 지형학은 지질학과 인접하며 기후학은 기상학, 토양, 생물환경은 토양학 및 생태학 등과 관련이 깊다. 여기에는 지구권의 자연환경과 인간의 관계를 다루는 환경지리학, 경관을 취급하는 경관생태학 등도 고려된다.

행성가운데 지구는 생명을 양육하는 환경으로 독특한 존재이다. 여기에서 환경과 생명이 지구환경을 유지하는 이른바 가이아가설(Gaia hypothesis)[82]이 제기된다.

---

82) 가이아(Gaia)가설은 지구환경 체계내에서 피드백 작용을 통하여 생명이 생명 유지수준에서 지구환경을 조절할 수 있다는 개념이다. (지구가 하나의 생명체로서 환경에 맞게 조절할 수 있다는 이론이다.) 생명자체는 지구환경 특히 대류권하부에서 생명유지와 생존에 기여하는 광범위한 조정의 능력을 확인한다는 것이다. 사람들은 식생이 지구환경을

그림 103. 자연지리학(physical geography)과 인접한 여러 학문 분야들

자연지리학은 인류의 환경으로서 자연에 대하여 지역적 차이를 밝히는 것을 목적으로 한다.

변화와 조정하는 증거로서 풍부한 산소발달과 대기상의 이산화탄소의 감소에 공헌하는 것을 언급하고 있다. 가이아 가설은 대기의 열균형, 대기와 해양의 기체구성과 물질의 견지에서 생명하나 하나가 지구환경의 동반자라는 것이다. 한편 생명이 생명자신을 위하여 환경을 유지하는 능력이 있다는 것을 제시하고 있다. 그러나 지구시스템은 방대하고 복잡하여 평형을 향하여 움직이는 현상을 사이에는 가이아 개념 검증이 충분히 이루어지지 않고 있다.

환경 관련 연구가 강조되는 분위기는 오늘날 거의 모든 학문분야에서 이루어지고 있으며 지구환경체계에 관한 분석 이외에 장·단기의 기후의 변화, 인간에 의한 지형, 토양, 식생 등 지표 경관의 변화, 자연재해, 환경관리 등 매우 광범위하다.

인간은 지금까지 생존을 위해 자연을 이용하고 개척하면서 문명과 문화의 발달을 영위해 왔다. 그것은 자연환경을 파괴하는 일이었고 자연환경 보호와 복구를 염두에 두지 않거나 소홀히 해 왔다. 자연생태계의 파괴로 많은 피해를 현실로 느끼게 되면서 자연에 대한 의식의 전환 필요성이 커지게 되었다. 여기에서 자연환경이란 무엇인가를 파악하고 원리를 체득함으로써 자연을 효과 있게 이용하여야 한다.

과학과 기술의 발달수준이 미약하던 시기에는 자연환경적 요소가 큰 영향을 미쳤으므로 자연환경의 영향이 막대하였지만 현재는 인간들이 인간자신에 의해서 많은 영향을 받게 되어 인간과 환경의 관계가 크게 변하였다(그림 104).

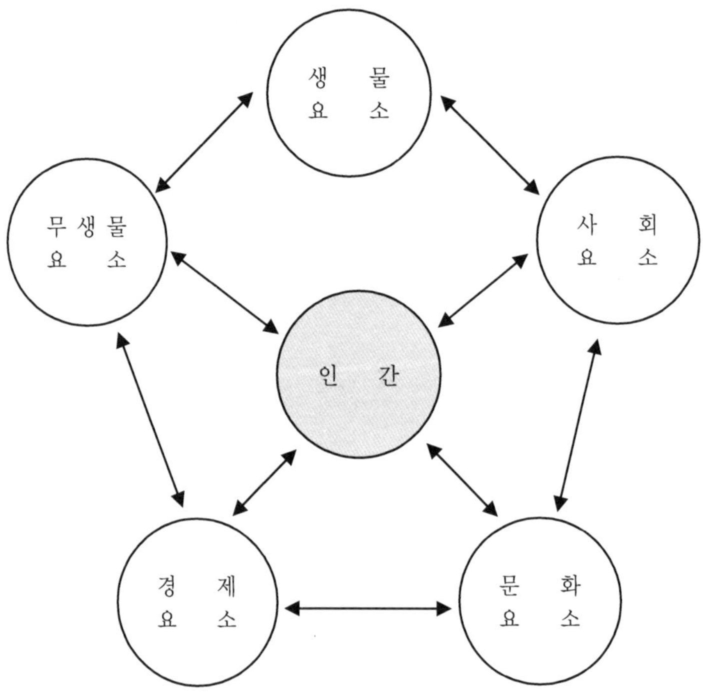

그림 104. 인간을 중심으로 한 환경구성 요소
인간에 영향을 미치는 자연적, 사회적 조건이 포함된다.

1980년대 이후 전 지구적으로 진행된 온난화와 1970년대에 발생한 저위도 지방의 사막화가 계기로 기후변화의 원인을 주목하게 되었다. 특히 최근의 지구온난화는 이산화탄소 등에 의한 온실기체 농도 증가로 그 변화 추이를 예측하고 있다.

화석연료의 연소와 삼림남벌은 대기 중 이산화탄소의 온도가 증가하여 낮은 온도에서도 물이 결합하여 탄산을 형성하면 석회암, 대리석, 백운암 등을 잘 용해시킨다. 이러한 현상은 기반암의 풍화현상의 특성, 및 암석의 풍화속도에 크게 영향한다. 도시와 공장지역에서 산출되는 물질로 화학적 작용이 활발하여 염풍화작용(salt weathering)으로 물리적 풍화작용에 효과적으로 작용한다.

특히 지구상 광대한 지역의 삼림파괴를 초래하여 목장과 농경지로 전환하여 하천유수의 특징이 달라진다.

식생회복이 어려워지고 하천유수에 커다란 영향을 미친다. 세계에서 가장 큰 호소인 Caspian해 역시 인간의 활동으로 호수의 수위가 3m 이상 하강하였다. 기후변화와 인간의 수자원이용으로 인한 수위변화는 다른 여러 지역의 호소들에게도 영향하여 생산력이 가장 높은 얕은 호수 바닥이 사라짐에 따라 물고기의 수가 줄었다. 이곳은 물고기의 산란처였다. 지하수의 개발로 지하수면이 하강하고 해수의 침입이 용이하였고 수질오염이 심각하였다. 농업을 위한 관개가 확대되고 지하수 추출 및 이용에 대한 기술의 발달로 토양내부에 염분 농도가 증가하였다. 또한 모세관 상승과 그에 따른 증발잔류 물질의 집적이 나타났다.

토양의 염분 증가와 관개를 위해 세계 도처에서 식생의 제거로 인한 염류화 현상이 크게 문제시되고 있다. 자연식생의 제거함으로 보다 많은 강수가 토양층 깊숙이 스며들어 저지대에서 염수가 침투하고 지하수위가 높아 졌다.

생물이 자연환경의 영향을 직접 민감하게 반응하는 원리를 이용하여 환경변화를 살필 수 있다. 대기오염의 지표식물(biological indicator)로 산성비 피해가 심한 곳에서는 지의류를 찾아볼 수 없으며 사람들이 자연생태계 훼손으로 식물상과 식생이 파괴되었다. 도시화와 도로건설은 사면이동을 활발하게 진행시키고 사면이동의 가속화로 재해가 발생하기 때문에 계속적인 기술개발이 이루어지고 있다.[83] 지구규모의 환경보호도 중요하지만 각자의 삶 주변의 작은 환경부터 지켜 나가는 것이 중요하다.

우리는 앞으로 더욱 더 많은 자연환경의 도움이 필요하고 생활공간과 조화를 이루어 나가야 한다. 우리에게 주어진 조화롭고 아름다운 환경을 보전하는 방법을 배우고 실천하는 것이 중요하다. 이 책에서 다루어진 환경지식을 잘 파악하고 우리의 주변에서 가까운 곳, 즉 가정과 직장, 학교, 거주지부터 환경을 지켜[84] 자원을 절약하고 오염되지 않은 지구를 보전할 수 있도록 노력해야 한다.

우리 인간자체가 자연의 일부이며 인간과 자연을 연결시킴으로 자연이 곧 인간 삶의 기초 터전임을 이해하는 것이 현대를 살아가는 우리의 자연관임을 망각하지 말아야 할 것이다.

---

83) 인간에 의한 기술개발로 엄청난 사면이동의 사례는 1963년 이탈리아의 Vaiont댐에서 발생한 재난이 있다. 그 결과 2,600명이 사망했다.
84) 실천항목으로는 '쓰레기를 함부로 버리지 않고 태우지 않기, 백열등보다 형광등 사용하기, 에어컨 대신 선풍기, 농약, 화학비료 사용 줄이기, 재생지 사용, 음식물 남기지 않기, 합성세제는 적게 비누사용하기, 환경파수꾼 되기' 등.

[참고문헌]

공우석, 2007. 우리식물의 지리와 형태, 지오북.

곽판주 외 1986. 토양학원론, 정음사.

곽종흠, 소선섭, 1985. 일반기상학, 교문사.

권동희, 2006. 한국의 습지지형 연구 성과와 과제, 한국지형학회지 제13권 제1호, 25-34.

권동희, 박희두, 2007. 토양지리학, 한울아카데미.

권순식, 1977. 동래 금정산록의 solifluction 퇴적물에 관한 연구, 지리학 연구, 제5호, 295-306.

권순식, 1999. 지형환경과 인간, 청주대학교 교육과학연구, 제13집, 165-184.

권순식 외, 2000. 환경지리학, 시그마프레스.

권순식 외, 2000. 인간과 환경, 청주대학교 출판사.

권혁재, 2000. 지형학, 법문사.

권혁재, 1997. 자연지리학, 법문사.

기근도, 1999. 대관령일대의 지형, 토양환경, 한국교원대학교 학위논문.

김귀곤, 2003. 습지와 환경, 아카데미 서적.

손 일, 최정권, 1987. 인간과 자연환경, 명보문화사.

박용안, 1998. 바다의 과학, 서울대출판부.

박용안, 공우석 외, 2001. 한국의 제4기 환경, 서울대학교 출판부.

이승호, 2007. 기후학, 푸른길

이재수, 2005. 수문학, 구미서관.

임양재, 1995. 일반생태학, 반도출판사.

오재호, 1999. 기후학 I, 아르케

이호준 외 1992. 현대생태학, 효일문화사.

정창희, 1983. 신 지질학개론, 박영사.

조규송 외, 1987. Odum의 생태학, 형설출판사.

최성길, 1982. 우리나라 서해안의 shore platform 연구, 지리학과 지리교육, 65-70

Butzer, K. W. 1976. *Geomorphology from the Earth*, New York: Harper & Row, Publishers.

Dansereau, P. M. 1957. *Biogeography*, Ronald Press, N. Y.

Enger, E. D. & Smith, B. F. 1998. *Environmental Science*, McGraw-Hill.

Goldich, S. S. 1938. A Study in Rock Weathering, J. Geol. v. 46, 437-460.

Goudie, A. 1977. *Environmental Changes*, Clarendon, Oxford.

Hamblin, W. K. 1989. *The Earth's Dynamics Systems*, Macmillan.

Huggett, R. J. 1995. *Geoecology*, Routledge, London.

Monroe, J. S. & Wicander, R. 1978. *Physical Geology*, Wadsworth publ. Co.

Pearson, R. N. 1968. *Physical Geography*, Barnes & Noble Books.

Muller, R. A. & Oberlander T. M. 1974. *Physical Geography*, Today, CRM.

Ernst, W. G. 1969. *Earth Materials*, Prentice-Hall, Inc.

Odum, E. P. 1971. Fundamentals of Ecology, 3d ed. Sanders Co. : Philadelphia.

Ollier, C. D. 1969. *Weathering*, 2nd edn. Longman, London.

Owen, O. S. Chiras, D. D., Reganold, J. P. 1971. *Natural Resource Conservation*, Prentice Hall.

Rice, R. J. 1979. *Fundamentals of Geomorphology*, London, Longman.

Robinson, H. 1972. *Biogeography*, MacDonald and Evans Ltd. Plymouth.

Ronov, A. B. 1983. The Earth's Sedimentary Shell; AGI Reprint Ser. V. *Amer. Geol. Ins. 80.*

Tricart, J. 1970. *Geomorphology of Cold Environment*, New York: St. Martin's Press.

권순식(權純植)

• 약 력 •

서울대학교 지리학과 및 동 대학원 졸업(문학박사)
청주대학교 사범대학 지리교육과 교수
청주대학교 사범대학 학장(현재)

• 저서 •

『사면이동의 지형학』
『환경지리학(공저)』
『인간과 환경(공저)』

• 논문 •

「부산시 범어사 주변의 Block Field에 관하여」
「화강암 풍화층의 특성과 결빙포행」 외 다수

자연환경론

• 초판 인쇄	2007년 12월 31일
• 초판 발행	2007년 12월 31일
• 지 은 이	권순식
• 펴 낸 이	채종준
• 펴 낸 곳	한국학술정보㈜
	경기도 파주시 교하읍 문발리 513-5
	파주출판문화정보산업단지
	전화 031) 908-3181(대표) · 팩스 031) 908-3189
	홈페이지 http://www.kstudy.com
	e-mail(출판사업부) publish@kstudy.com
• 등 록	제일산-115호(2000. 6. 19)
• 가 격	25,000원

ISBN   978-89-534-7932-6 93450 (Paper Book)
       978-89-534-7933-3 98450 (e-Book)